KB183427

건축가 임재용의

# 시대감각
# Sense of Time

건축가 임재용의 **시대감각**

**Sense of Time**

**초판 1쇄 펴낸날** 2025년 1월 31일

**지은이** 임재용
**펴낸이** 이건복
**펴낸곳** 도서출판 동녘

**편집** 이정신 이지원 김혜윤 홍주은
**디자인** 김태호
**마케팅** 임세현
**관리** 서숙희 이주원

**만든 사람들**
**편집** 이상희 **디자인** 로컬앤드

**인쇄·제본** 영신사 **종이** 한서지업사

**등록** 제311-1980-01호 1980년 3월 25일
**주소** (10881) 경기도 파주시 회동길 77-26
**전화** 영업 031-955-3000 편집 031-955-3005 **팩스** 031-955-3009
**홈페이지** www.dongnyok.com **전자우편** editor@dongnyok.com
**페이스북·인스타그램** @dongnyokpub

**ISBN** 978-89-7297-153-5 (03540)

• 잘못 만들어진 책은 구입처에서 바꿔 드립니다.
• 책값은 뒤표지에 쓰여 있습니다.

건축가의 생각

임재용
지음

# 건축가 임재용의 시대감각

## Sense of Time

동녘

# 차례

그 동안 건축가로서의 흔적을 되돌아 보았다.
다음의 4일을 잊을수가 없다.
앞으로도 시대감각을 잃지 않고
새로운 풍경, 열린풍경, 공공성의 풍경을
만들어 낼것이다.

## 2006년 4월 25일 : 김수근을 대하다.

©김종오

김수근이라는 큰 산의 작업인 경동교회와 어떻게 관계 맺을 것인가에 대한 고민은
풍경을 연결한다는 것의 중요성을 깨닫게 해주었다.

# 책을 내면서

누군가 내게 건축가로서 전환점이 된 시점을 묻는다면 서슴지 않고 다음 4일을 이야기하겠다. 2006년 4월 25일, 2019년 9월 7일, 2023년 12월 1일 그리고 2024년 10월 4일.

먼저 2006년 4월 25일.

2006년은 서울 사무소를 낸 지 10년이 되는 해이다. 치과병원과 주거 공간이 한 건물에 있는 직주주택인 림스코스모 치과로 2004년 한국건축가협회상을 수상하고 건축가로서 어느 정도 자신감이 붙어가던 시점이었다.

무엇보다 서울석유로부터 주유소와 사옥을 같이 짓는 프로젝트를 진행하자며 현장에서 만나자는 연락을 받고 처음 대지를 방문한 날이기도 하다. 서울석유 사옥 예정지에 도착했을 때 눈을 의심했다. 바로 옆에 경동교회가 있는 것이 아닌가.

"경동교회 옆에 짓는 주유소라…", "차라리 미술관이라면…", "잘해야 본전 아닌가?", "그래도 승부수는 던져보자."

참 여러 생각이 들었다. 결국 용기를 내어 프로젝트를 진행했고 서울석유 사옥은 내게 새로운 이정표가 되어준 스승과 같은 프로젝트가 되었다.

김수근이라는 큰 산의 작업인 경동교회와 어떻게 관계 맺을 것

■ 2019년 9월 7일 :
2019 서울도시건축비엔날레 개막식을 거행하다.

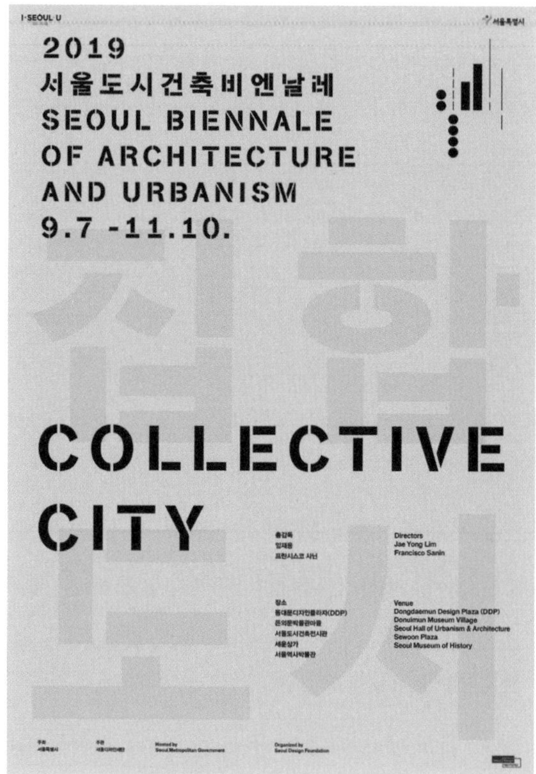


2019 서울도시건축비엔날레는 도시의 공공성 확보를 위해
열린 풍경을 만들어야 한다는 교훈을 남겼다.

인가에 대한 고민은 풍경을 연결한다는 것의 중요성을 깨닫게 해주었다. 주유소와 사옥을 동시에 지어야 한다는 서울석유의 조건은 주유소 위에 사옥을 올리는 수직 배치하는 안으로 발전해 '옥내주유소'라는 새로운 유형의 풍경을 탄생하게 했다. 경사지로 후면도로가 높아서 주차장을 건물의 중앙인 지상 3층에 배치했는데 훗날 주차장을 건물 중간에 두는 과감한 결정을 하게 한 일종의 선행 학습이 되어 주었다. 또한 사무실 내부를 관통하는 튜브같은 외부공간은 요사이 실험하고 있는 다양한 사무실 공간구조의 모태가 되었다. 결국 서울석유 사옥은 요사이 진행하고 있는 새로운 풍경을 찾는 여러 작업의 출발점이 되었다.

2019년 9월 7일.

2019 서울도시건축비엔날레 개막식 날이다. 2017년 비엔날레 총감독직을 수락하고 근 2년 동안 비엔날레를 준비했다. 2017년은 사무실을 시작한 지 21년째 되는 해였다. 서울석유 사옥 프로젝트 이후 10년이 지난 시점이다.

서울도시건축비엔날레의 주제를 "Collective City: 함께 만들고 함께 누리는 도시"로 정했다. 도시를 만드는 과정에 시민이 참여하고 도시라는 공간을 공평하게 누릴 수 있게 하자는 취지이다. 비엔날레를 준비하는 과정에 여러 도시와 소통하면서 서로의 문제를 공유하고 함께 해법을 찾아가면서 많은 것을 느끼게 되었다. 도시의 공공성은 프로젝트의 성격이나 규모와 관계없이 개개의 건축주와 건축가들이 도시의 공공성 확보를 위해 열린 풍경을 만들어 낼 때 가능해진다는 교훈도 얻었다. 이후 나와 우리 사무실은 '공공성 지수'라는 개념을 도

## ■ 2023년 12월 1일:
## 서리풀 수장고 : OCA의 새로운 이정표를 열다.

서리풀 개방형 수장고 지명설계공모는 모든 프로젝트에서 비움을 통해 공공성의 풍경을 만들어야 한다는 OCA의 지향점을 더욱더 선명하게 해주었다.

입해 프로젝트를 진행할 때마다 열린 풍경을 만드는데 얼마나 기여했는지 점검하고 있다.

2023년 12월 1일.

'서리풀 개방형 수장고 지명설계공모'의 프레젠테이션을 하는 날이었다. 서리풀 공원은 유학 떠나기 전까지 살던 동네에 있는 공원으로 내게는 매우 익숙한 장소였다.

나를 포함해 국내외 7명의 건축가가 초청받았다. 초청받은 7팀이 차례대로 프로젝트를 설명하고 심사위원들의 심사를 거쳐 최종 당선안이 결정되었는데 헤르조그 앤 드뫼롱의 안이 최종 당선작으로 선정되었다.

나는 이 프로젝트에서 공공성의 풍경의 모든 것을 보여 주고 싶었다. 관공서에서 발주하는 프로젝트들이 민간 프로젝트보다 오히려 더 이기적이어서 관람객이 아닌 일반 시민에게는 폐쇄적인 경우가 너무 많다. 서리풀 개방형 수장고에서는 지상층을 최대한 일반 시민에게 개방하여 항상 시민들에게 열려 있는 새로운 유형의 공공시설을 제안하였다. 당선팀의 말 중에 '개방형 수장고가 쇼핑몰처럼 되어서는 안된다'고 단언한 부분은 동의할 수 없다. 당선팀은 관람객을 위한 건물을 설계했고 우리 팀은 시민을 위한 수장고를 설계했다. 이 프로젝트를 진행하면서 나와 우리 사무실의 방향성을 명확히 할 수 있었다.

모든 프로젝트에서 최대한 공공성을 확보하고 공공성의 풍경을 잇는 노력을 게을리하지 않을 것이다!

2024년 10월 30일.

2024년 10월 30일.
한국 건축 문화 대상 세 부문에서 대상을 수상하다.

©김종오

묵방리 주택. 2006년 한국건축문화대상 주거부문 대상

©남궁선

YG-1 사옥. 2021년 한국건축문화대상 민간부문 대상

©남궁선

시립 장지하나어린이집. 2024년 한국건축문화대상 공공부문 대상

시립 장지하나어린이집으로 '2024 한국건축문화대상' 공공부문 대상을 받았다.

2006년 주거부문 대상(묵방리 주택)과 2021년 민간부문 대상(YG-1 사옥)에 이은 수상으로, 누군가 농담으로 "한국건축문화대상 그랜드슬램을 달성했다"고 했다. 어린이집의 입구 마당을 이웃과 공유할 수 있게 배려하고, 모든 교실에 테라스를 둔 것은 물론 루프 테라스와 중정과 같은 다양한 외부 공간을 배치한 점을 높게 평가받은 것으로 생각된다. 공공성의 풍경을 고려하면서 시대가 요구하는 새로운 유형을 제시한다는 모토에 추진력을 얻을 수 있는 상징적 사건이다.

1996년 서울에 사무실을 열고 30여 년이 되어가고 있는 지금까지 내 건축 작업의 전환점이 되어 준 이 4일이 던져준 풍경을 중심으로 이야기를 전개하려고 한다.

새로운 풍경,
열린 풍경,
공공성의 풍경,
공공성의 풍경을 잇다

도시는 빠르게 변한다. 우리는 이러한 도시의 빠른 변화를 감지하고 그 변화에 대응하는 새로운 유형을 창조해 나아가는 '시대감각'이 필요하다. 독자들과 이 시대감각을 공유하고 싶다.

| | |
|---|---|
| **진화하는 주유소** | 서울석유주식회사 사옥, 2007 |
| | 한유그룹 사옥, 2009 |
| | 양재복합시설, 2012 |
| | 지능형 전기차 충전빌딩, 2018 |
| | 현대자동차 수소차충전소 디자인 가이드라인, 2018 |
| **새로운 공장 미학** | 태평양제약 헬스케어 사업장, 2012 |
| | 아모레퍼시픽 상하이 뷰티사업장, 2013 |
| | HK 사창리 공장, 2015 |
| | 파주출판도시 FB16, 2015 |
| | 인페쏘, 2011 |
| | 티에스엠 MTV 신공장, 2017 |
| | 에이프로젠 오송 캠퍼스, 2018 |

# 새로운 풍경

| | |
|---|---|
| **테라피스** | 더 레드 빌딩, 2018 |
| | 클리오 사옥, 2019 |
| | YG-1 사옥, 2021 |
| **반려동물과 함께하는 시대** | 애견 힐링 파크, 2022 |

건축가는 시대의 흐름을 읽고
그것을 반영하는 새로운 유형을 제시할 수 있어야 한다.

진화하는 주유소

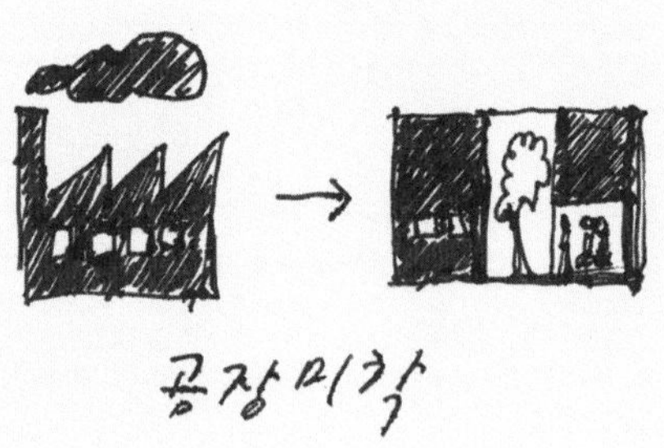

공장미학

# 새로운 풍경

도시는 끊임없이 진화한다. 잠깐 한눈판 사이에 흐름을 놓쳐 따라가느라 허둥댈 수 있다. 건축가라면 더더구나 시대의 흐름을 놓쳐서는 안 된다. 시대를 관찰하고 그 결과를 반영한 새로운 유형을 제시할 수 있는 시대감각을 갖추어야 한다. 시대가 요구하는 것은 무엇인지 끊임없이 관찰하고 어떤 흐름으로 변화할지 예측할 수 있어야 한다.

OCA는 이런 작업을 게을리하지 않은 덕에 '진화하는 주유소', '새로운 공장 미학', '테라피스', 반려 인구 증가에 따른 새로운 애견 시설 등을 제안했으며 앞으로도 시대가 요구하는 새로운 유형을 제안할 준비가 되어 있다. 물론 건축가는 이러한 새로운 유형을 이해하고 실현할 수 있도록 지원해주는 건축주를 만나야 한다. 경우에 따라서는 새로운 아이디어를 건축주에게서 얻을 수도 있고 새로운 유형의 구현을 위해서 끊임없이 설득해야 할 경우도 있다. 결국 새로운 유형은 건축가와 건축주가 함께 만드는 것이다. 이 책에 소개된 프로젝트의 모든 건축주에게 감사의 마음을 전한다.

2005년부터 OCA는 옥내주유소, 드라이브 스루 주유소, 전기차 충전빌딩, 수소차 충전소 디자인 가이드라인과 같은 새로운 유형을 제시해 주목받았다. 서울석유주식회사 사옥에서 시작된 '진화하는 주유소' 프로젝트들은 지금도 여전히 새로운 풍경을 만들어 가는 OCA에게 전환점이 되어주었다.

공장 프로젝트에서 건축가가 할 수 있는 역할은 다른 유형에 비해 매우 제한적이다. 공장에서 생산하는 생산품의 성격에 따른 제약

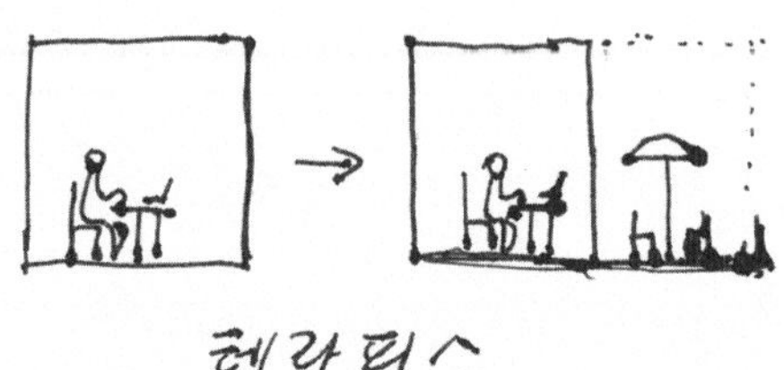
테라피스

애견 힐링 파크

들, 까다로운 법규의 해결, 사람보다는 생산의 효율성을 더 중시할 수 밖에 없는 환경 등. 대부분의 생산시설이 교외에 있다는 점에 주목해 주변 환경을 적극 활용하고 사람 동선과 생산물의 동선을 재구성하고 자연을 삽입하는 방식으로 새로운 공장 미학을 제안했다.

테라스와 오피스 개념을 결합한 '테라피스'는 용적률을 꽉 채워 빽빽하게 지을 수밖에 없는 업무용 공간에 숨통을 틔워주자는 개념이다. 용적률을 최대한 확보하면서도 곳곳에 테라스를 두어 하늘을 바라보며 잠시나마 여유 부릴 수 있는 공간을 제시하고 주차장을 건물의 중간에 두어 주차장이자 행사 공간으로 활용할 수 있게 했다. 비교적 바람이 심한 지역에서는 아트리움 안에 테라스를 설치하는 대안을 제시해 좋은 평가를 받았다.

2022년 말 현재 우리나라에서 반려동물을 기르는 반려가구가 552만 가구나 된다고 한다. 반려가구 가운데 반려견과 함께하는 비율은 71.4%나 된다. 굳이 이런 통계자료를 찾지 않더라도 동네 여기저기서 체감할 수 있다. 반려견과 함께 다니는 사람이 꽤 많음을. 이미 우리 삶에 깊숙이 자리하고 있음을 알 수 있다. 반면 이들을 위한 시설은 대부분 열악하거나 적은 편이다. 요즘 들어서 애견호텔, 애견 미용실과 같은 시설이 동네에 들어서고 있지만 시설의 편차가 큰 편이다. OCA는 '요람에서 무덤까지'라는 말에 걸맞은 애견 시설을 작업하고 있다. 애견호텔은 물론 애견 풀빌라, 애견 화장장과 납골당까지 갖춘 새로운 유형의 애견 힐링센터이다.

이외에도 노유자 시설과 종교 시설의 새로운 유형을 찾는 작업을 진행하고 있다.

건축가가 주유소라는 프로젝트를 통해
한 사회의 단면을 볼 수 있다는 것은
엄청난 행운이다.

**진화하는 주유소**

2005 일반 주유소
↓
2007 셀프 주유소
↓
2010 MAC DRIVE
↓
2016 주유소 + 자동차 딜러
↓
2017 전기자동차 충전 복합시설
↓
2018 수소자동차 충전 복합시설
↓
?

# 진화하는 주유소

우리나라에서는 1903년 고종황제 어차를 시작으로 자동차 시대가 열리기 시작했다. 1975년에는 현대자동차에서 국내 최초의 고유모델인 '포니'를 개발해 세계 16번째 자동차 고유모델 생산국이 되었다. 1985년에는 국내 자동차 보유 대수가 100만 대를 돌파하고 1992년 전국 운전면허 인구가 1,000만 명을 돌파했다. 명실상부 자동차 시대가 열렸다. 현재 우리나라 자동차 등록 대수는 2,500만 대로 국민 2명 중 1명은 자동차를 보유하고 있는 셈이다. 최근 전기차와 수소차의 보급도 꾸준히 늘고 있다.

1910년 서울역 앞에 우리나라 최초의 주유소인 '역전 주유소'가 들어섰다. 1969년 대한석유공사에서 마포구 서교동에 파란색 기와를 얹은 '청기와 주유소'를 만들었는데 순수 국내 자본으로 만든 최초의 주유소이다.

1994년 주유소 간 거리 제한이 폐지되면서 도심에 주유소가 난립하게 되었다. 2021년 6월 현재 전국에서 11,430여 개의 주유소가 영업하고 있다. 세계 유수의 도시를 다녔지만 서울처럼 도심에 주유소가 많은 도시를 보지 못했다.

도심 주유소는 접근성이 좋다는 장점이 있지만 도시적 관점에서는 경관을 단절시키는 시설이다. 주유소는 위험물 취급 시설로 분류되어 방화벽을 두어야 해서 자연스레 주변과 단절될 수밖에 없다. 주유소는 도시풍경의 연속성을 깨뜨리는 요소가 되기도 한다. 2000년도 초반부터 주유소에 위기가 찾아오기 시작했다. 더 이상 주유소의

주유소 프로젝트는 나에게 풍경의 연결과
새로운 유형의 중요성을 가르쳐 주었다.

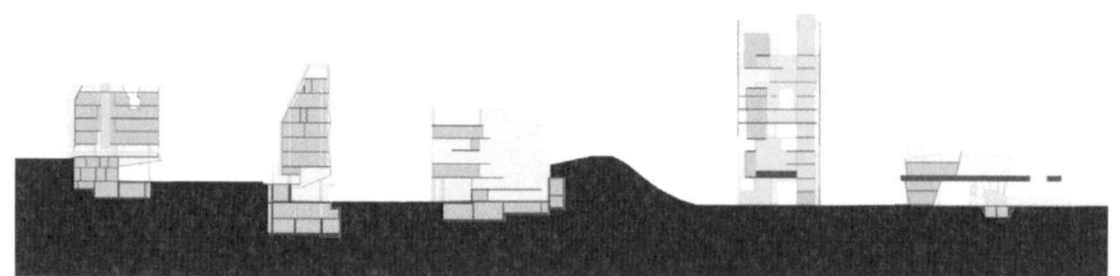

수입만으로는 땅값을 감당할 수 없게 된 것이다. 선택은 두 가지였다. 주유소를 헐고 일반 건물을 짓든지, 주유소를 유지하면서 건물을 짓는 방법을 찾아내든지….

2005년 서울석유가 이러한 고민을 들고 찾아왔다.

장충동 현장을 방문해 보니 하나의 대지에 주유소와 사옥 건물이 별동으로 있었다. 건축주는 기존 주유소를 철거하고 현대화된 주유소를 신축하고 싶고 기존 사옥도 건물이 낡고 좁아서 신축할 계획이라고 했다. 문제는 270평의 넓지 않은 땅에 두 개의 다른 용도의 건물을 지어야 하는 것이다. 땅이 좁아 두 개의 건물을 별동으로 짓는 것은 합리적이지 않아 보였다.

고민 끝에 아이디어를 낸 것이 주유소 위에 사옥을 올려 짓는 옥내주유소이다. 물론 당시에도 주유소 위에 주유소 관련 사무실을 지은 경우는 많이 있지만 허용 면적을 초과하여 주유소 위에 업무시설을 짓는 옥내주유소는 우리나라에서 아무도 시도해 보지 않은 첫 사례이다. 처음 시도하는 유형이라 여러 가지 법적 한계를 극복하는 것이 어려운 숙제였다. 건축법은 물론 소방법, 석유사업법 등 관련 법규 문제를 하나하나 해결해 내고 건축허가를 취득하고 공사를 시작하여 드디어 2007년 주유소 위에 5개 층의 사옥이 올라타 있는 새로운 유형의 주유소인 옥내주유소가 국내 최초로 완공되었다.

2009년 관악구 봉천동에 한유사옥을, 2012년 서초구 양재동에 옥내주유소를 차례로 완공하였다. 장충동과 봉천동은 주유소 위에 사옥을 짓는 프로젝트였지만 양재동 프로젝트는 주유소 위 사무실

주유소 프로젝트를 통해 우리 자동차문화의
변화를 읽을 수 있었다.

풀서비스 → 셀프 서비스 → 드라이브스루식당

©김종오

2005년 풀 서비스 주유소

©김용관

2008년 셀프 서비스 주유소

©신경섭

2010년 드라이브스루 패스트푸드 식당

전체가 임대사무실이라 훨씬 더 치밀한 전략이 필요했다.

2007년, 2009년, 2012년 옥내주유소가 완공된 이후 강남의 주유소들로부터 엄청난 '러브콜'을 받았다. 만약 소방법에서 주유소 상부의 용도로 학원, 성형외과 및 피부과 의원, 또는 주거를 허용했으면 서울시 모든 주유소가 옥내주유소화 되었을 것이다.

아직까지 주유소 위에 허용되는 용도는 업무시설이나 유사 용도뿐이어서 그 파급효과가 크지 않았다. 그럼에도 옥내주유소는 대지의 효용성을 극대화하면서 주유소로 인해 단절된 도시풍경의 연속성을 유지할 수 있게 하는 창의적이고 도시적인 해법이었다.

몇 건의 주유소 프로젝트를 진행하면서 우리나라 주유소 문화의 단면을 확인할 수 있었다.

2005년 첫 주유소 프로젝트인 서울석유 사옥을 진행할 당시에는 주유원이 주유해 주는 풀 서비스 주유소만 있었다. 그런데 3년 뒤인 2008년 한유사옥 프로젝트를 진행할 무렵에는 셀프서비스 주유소가 보급되었다. 1998년 국내 최초의 셀프주유소가 선보인 이후 점차 높아지는 기름값과 땅값, 인건비로 인해 셀프주유소의 비중이 늘어나고 있다. 2010년 양재 복합시설 프로젝트를 진행할 때 맥도날드 드라이브스루 식당을 도입했다. 지금은 드라이브스루가 보편화되었지만 당시에는 문화적 충격이었다.

최근 전기차나 수소차가 늘어나면서 여러 곳에 충전소가 지어지고 있다. 2018년 진행한 현대자동차 수소차 충전소 디자인 가이드라인에 따라 수소차 충전소가 전국적으로 지어지고 있다.

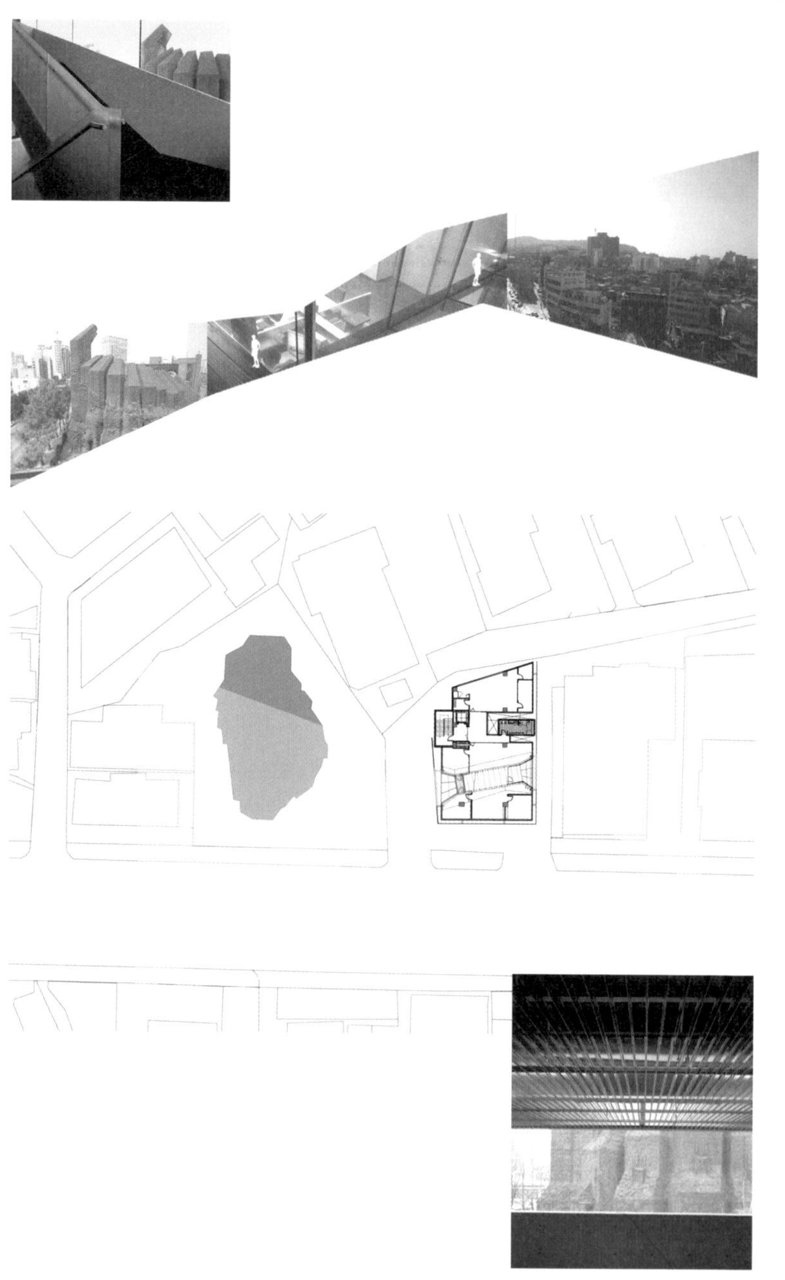

## 서울석유주식회사 사옥, 2007

처음 건축주를 만나는 날, 대지가 경동교회 바로 옆이어서 여러 의미로 흥분했다. 그 자리에는 건축주 선친이 지은 주유소와 사옥이 있었다. 건축주는 선친이 하셨던 것처럼 사옥을 짓고 싶다고 했다. 건축주가 원하는 건물은 건축법에서는 옥내주유소로 구분된다. 1, 2층은 주유소, 3층은 주차장, 4층부터 7층까지는 사무실로 쓰이는 새로운 형태의 복합건물이다. 옥내주유소를 교회, 그것도 경동교회 옆에 짓는 작업이다. 작업을 하면서 나 자신에게 여러 가지 질문을 던졌다.

기념비적인 건물 옆에 어떻게 서야 할까?
경동교회와의 관계 설정: 종속, 대립, 긴장감…
이 땅의 장소성은?
도시적 맥락에서 건축가가 해야 할 일은?
도시에 존재하는 여러 가지 다른 속도에 반응하는 법
…

답을 찾기 위해 내가 경동교회를 어떻게 보고 있는지 규정하는 작업이 필요했다. 내가 내린 결론은 '침묵'이다.

무거움의 침묵.

서울석유 사옥도 침묵하는 집이었으면 했다. 그러나 지상층은 주유소이고 3층은 주차장, 나머지 층은 사무소인지라 속성상 시끄러울 수밖에 없다. 이 집은 침묵할 수 없거나 침묵하더라도 가벼울 수밖에 없다. 서울석유는 '가벼움의 침묵'이다.

ⓒ김종오

건물의 외부를 감싸는 금속망 표피는 여러 가지 의미로 쓰였지만 가벼움의 침묵을 위한 중요한 장치이다. 서로 다른 기능을 묶어서 침묵시키는 수직적 표피이다. 또한 금속망 표피는 시시각각 변하는 햇빛의 질감을 확인시켜 준다.

지상 1, 2층의 주유소는 상부층의 금속망 표피와 연결되어 일반 주유소가 주는 위험물 처리시설의 이미지를 불식하고 단절된 도시의 풍경을 이어주는 역할을 할 수 있어야 한다. 도시풍경에서 가장 중요한 지상층의 풍경을 위험물 처리시설이 아닌 사람이 중심이 되는 공간으로 만드는 작업이 쉽지 않다. 발상의 전환이 필요했다. 지상층에 주유소가 있고 그 위에 건물을 올린 것이 아니라 건물을 짓고 1층에 주유소가 임대 들어 온 것으로 생각하면 된다. 실제로 주유소가 역할을 다하면 그 자리에 커피숍이나 은행이 들어올 수도 있다. 비슷한 시기에 진행한 또 다른 옥내주유소 프로젝트는 전체가 임대 건물이다. 1층 주유소 임대가 끝나고 나면 언제든지 다른 용도로 전용될 수 있다는 가정에서 출발했다.

## 한유그룹 사옥, 2009

서울석유 사옥이 완공될 즈음에 오랫동안 주유소 위에 사옥을 짓는 것을 구상했다는 건축주로부터 프로젝트 의뢰가 들어왔다. 대지는 남부순환로 대로변에 있다. 강의하러 다니면서 늘 지나다니던 길이다.

대지 남쪽으로는 반대편 건물이 높지 않아서 4층 정도만 올라가면 관악산의 멋진 풍경을 담아낼 수 있을 것 같았다. 문제는 도로를 따라서 이어지는 풍경이 연속되게 해야 하는데 조금은 당혹스러웠다. 서울석유의 경우 경동교회라는 든든한(?) 콘텍스트가 있었지만 이 경우에는 도시의 풍경을 이어 나갈 모티브를 찾기 어려웠다. 그러나 도로변에서 관계 맺을 만한 연결고리를 찾지 못한 것이 오히려 도로 후면의 콘텍스트와 관계 맺기를 시도하는 계기가 되었다.

고착된 이미지의 건물보다는 틀의 레이어를 콘텍스트 속에 던져 놓고 시간, 빛, 속도에 따라 표정이 다양하게 변하는 도시의 풍경을 만들고 싶었다. 2미터 간격으로 던져진 금속 틀의 레이어는 가로 풍경의 리듬을 만드는 도시적 장치이면서 건물 외피의 질서로부터 내부 천장 시스템에 이르기까지 모든 것을 아우르는 시스템의 골격이다. 스테인리스 판으로 마감한 틀의 레이어는 남부순환로를 따라 움직이는 속도에 반응하고 빛의 성질에 따라 다양한 표정으로 반응한다. 틀의 레이어 사이에 끼워진 다양한 경사각과 질감의 유리면은 하늘과 땅을 투영하며 다이내믹한 그림자의 궤적을 그려낸다. 보는 각도와 빛의 밝기에 따라 색상이 변하는 알루미늄 판 마감 또한 변화무쌍한 표정을 지어낸다.

주유소 상부의 틀은 수직으로 흘러내려 자연스럽게 주유소의

ⓒ김용관

천장이 된다. 이러한 틀의 움직임은 일반적인 캐노피로 덮은 주유소의 이미지를 탈피하게 하고 적당한 스케일로 주변의 풍경을 이어준다.

서울석유는 대지의 높이차 덕분에 사옥의 주출입구를 3층에 둘 수 있는 반면 평지에 있는 한유그룹 사옥의 주출입구는 주유소 바로 옆에 수평적으로 붙였다. 그 결과 더욱 주유소의 느낌을 없애면서 주변 풍경으로 스며들 수 있게 되었다.

건물 중간을 비워 건물의 앞과 뒤를 시각적으로 연결하고자 했지만 쉽지 않았다. 5층에 데크 마당을 두고 5층 상부의 매스를 두 개로 분리하여 건물의 앞과 뒤를 시각적으로 연결하려는 시도를 하였다. 엇갈리게 걸려있는 브릿지는 최소 크기로 설치하고 브릿지 사이에 틈을 만들어주었다. 그 틈은 앞의 남부순환로와 뒤의 주택가의 소통을 위한 틈이다.

## 양재 복합시설, 2012

서울석유 사옥과 한유 사옥은 주유소와 세차장 위에 사옥을 올리는 프로그램이었다. 양재 복합시설은 양상이 다르다. 주유소와 세차장은 물론이고 패스트푸드 식당을 접목해야 했다. 이번에는 조금 더 나아가서 드라이브스루를 제안하였다. 드라이브스루 식당은 모든 것을 해결하는 신의 한 수가 되었다. 상부에 임대사무실을 올려야 하는데 드라이브스루 식당이 임대사무실 로비와 붙어 있어서 주유소가 옆에 있다는 인식을 없애는데 결정적인 역할을 했다. 결국 드라이브스루 식당의 도입은 임대사무실의 공실률을 거의 0%로 만드는데 결정적인 역할을 하였다.

서울석유 사옥과 한유 사옥은 주유소 위에 사옥을 올린 것이지만 양재동 프로젝트는 상황이 다르다. 2007년 옥내 주유소형 서울석유 사옥을 완성하고 자신감이 붙어 두 번째로 시도하는 양재동 옥내주유소는 전부 임대사무실로 진행하기로 했다. 전체를 임대사무실로 할 경우 지상층에 주유소가 있어 위험할 수 있다는 임대인들의 불안감을 해소할 수 있는 새로운 전략이 필요했다.

첫 번째 전략은 임대인들이 건물로 드나들 때 주유소의 존재감을 최소화하는 것이다. 기존의 양재주유소는 주변의 법인 차 고객의 비율이 높은 편이어서 주유소의 위치를 건물의 전면이 아닌 건물 뒤편으로 하고 임대사무실 로비 위치를 도로변으로 하자고 제안했고 그것이 받아들여졌다.

두 번째 전략은 모든 임대 층에 마당을 설치해 마치 임대인이 자

©신경섭

©신경섭

신의 건물인 것처럼 느끼게 하는 것이다.

마지막으로 당시 도입 초기 단계였던 드라이브스루 식당의 접목이다. 맥도날드 드라이브스루가 입점했다. 이곳의 맥도날드는 서울에서 매출이 가장 높은 매장 가운데 하나로 꼽힌다.

이 세 가지 전략 덕분인지 상층부의 임대사무실은 공실이 거의 없이 운용되고 있다.

대지가 위치하는 일동제약 사거리는 보행자 스케일의 사거리가 아니고 빠른 속도의 차량의 스케일의 사거리이다. 우리는 빠른 속도에 반응하는 이중외피를 제안했다. 이 결정은 도시의 콘텍스트를 분석한 결과의 산물이지만 임대사무실의 제어하기 힘든 사무실 풍경을 이중외피가 한번 걸러 주는 역할도 할 것이라 기대했다.

옥내주유소를 설계할 무렵 예측했던 것보다
일찍 전기차 시대가 열렸다.
이에 맞춰 지능형 충전시설이라는 새로운 유형을 제시했다.

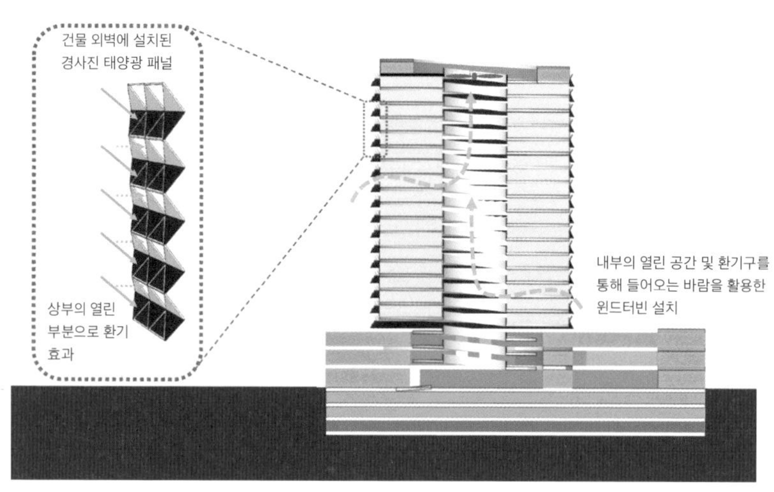


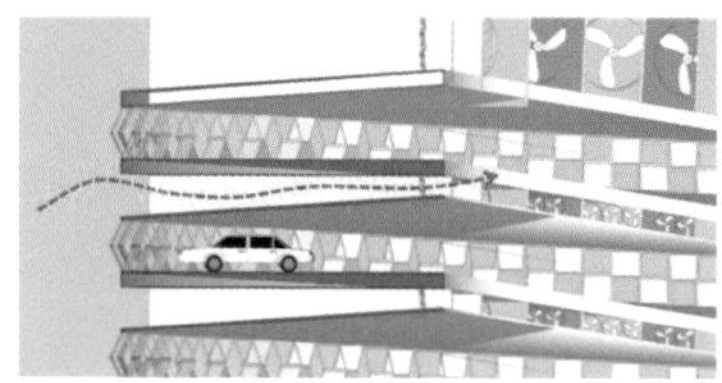

EV 충전 지능형 주차빌딩 기본 콘셉트

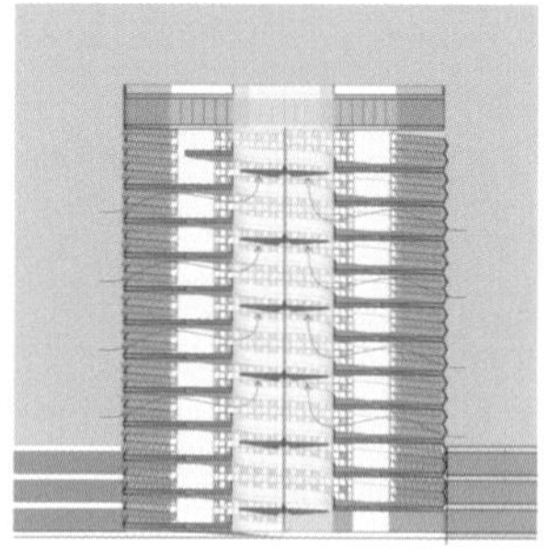

## 지능형 전기차 충전빌딩, 2018

한창 옥내주유소를 설계할 2009년 무렵 전기차의 출현으로 10년 후에는 대부분의 주유소가 문을 닫고 전기차 충전소로 대체될 것이라는 예측을 하고 있었다. 일반 주유소와 전기차 충전소의 공존 가능성에 대한 여러 가지 대안을 마련하려 했으나 결론은 전기차와의 공존은 불가능하다는 쪽이었다. 주유소 업계에서는 주유소를 철거하고 일반 건축물을 지어야 할 것이라는 예측을 했다.

주유소가 전기차 충전소로 대체될 것이라는 예상은 현실이 되고 있다. 2015년 기준 약 6,000대이던 전기차 숫자가 불과 6~7년 사이에 24배 급증해 이미 2021년 전기차 등록 대수는 20만 대를 넘었다고 한다. 내연기관 자동차는 2015년을 기준으로 점차 감소세로 돌아서고 있다. 전국 주유소 역시 감소세로 돌아섰는데, 예측에 따르면 2040년이면 약 8,500여 개소가 폐업할 가능성이 있다고 한다. 2021년 6월 기준 전국 주유소 개수는 11,430여 개로 집계됐는데, 전기차 급속 충전기의 경우 10,831개로 조사됐다. 그러니까 현재 충전 설비 숫자로만 보면 이미 주유소 숫자만큼이나 확충되었다는 뜻이다. 심지어 이 집계 자료는 공용 급속 충전기를 기준으로 수집된 것이며, 개인이 설치한 급속 충전기 혹은 완속 충전기는 포함되어 있지 않다.

2017년 여름 OCA는 기후변화대응연구원(RICCR)과 함께 한국전력 제주지사로부터 제주도에 건립할 EV(전기자동차) 충전빌딩의 디자인 및 타당성 조사 용역을 의뢰받고 용역을 수행했다. 제주도는 일찍이 2012년에 CFI 2030(Carbon Free Island 2030)을 선언했다. 2030년까지

제주에서 소비하는 모든 전력을 신재생에너지로 발전하고 모든 자동차를 전기자동차로 대체한다는 것이다. 이를 위해 EV 충전빌딩의 프로토타입을 만들고 싶다고 했다. 대상지는 서귀포시 시청 근처에 있는 한전사택 부지였다.

OCA는 단순한 EV 충전시설을 넘어서서 지역사회의 구심점이 될 수 있는 새로운 유형의 지능형 EV 충전시설을 제안했다. 이 지능형 EV 충전시설은 세 가지 특징이 있다.

첫째, 주차하면서 충전이 가능한 주차장형 충전시설이다. 둘째, 제주도의 자연환경 특성에 맞게 풍력과 태양광 등 신재생에너지 생산시설을 동시에 설치한다. 마지막으로 여기에 관공서, 전시, 쇼핑, 사무실, 라운지, 주거시설 등의 다양한 프로그램을 삽입해 이 건물이 지역사회의 커뮤니티 센터가 될 수 있도록 한다.

제주도지사가 바뀌면서 이 프로젝트가 동력을 잃은 것이 무척 아쉽지만 여전히 제주도를 위한 훌륭한 대안이라고 생각한다.

전혀 접해보지 못한 수소차 충전소의 디자인 가이드라인 작업을 하게 되었다. 우리의 미래를 이끌 전기차와 수소차의 경쟁이 흥미롭다.

안성 수소차충전소

부산 수소차충전소

하남 수소차충전소

인천 수소차충전소

국회 수소차충전소

**구성 요소**

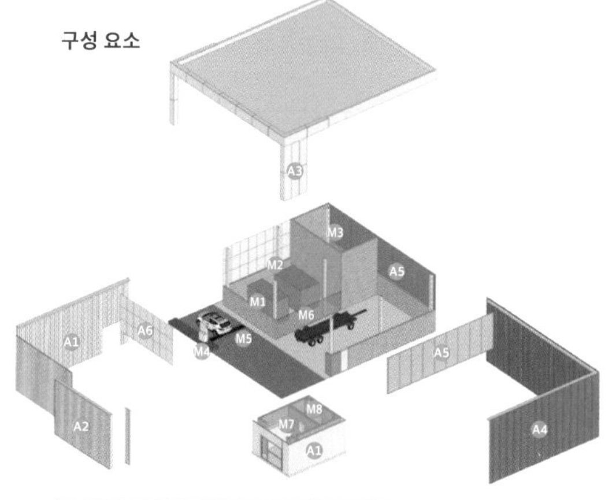


| | 기호 | 구분 | 내용 |
|---|---|---|---|
| 건축 | A1 | 유글라스 벽체 | 주요 마감재 온장 사용 권장 |
| | A2 | 유글라스 TT도어 | 트레일러 전동문 계획 구조 계산 필요 |
| | A3 | 박판 세라믹 타일 | 친환경 주요 마감재 오픈 조인트 액자식 시공 필요 |
| | A4 | 루버 | 주요 마감재, 백색도장 필수, 환기량 필요 면적 고려 |
| | A5 | 그릴 | 환기량 필요 면적 고려 |
| | A6 | 갈바 도장 | 유글라스 조명의 빛 환경 통제 위해 설치 |
| 설비 | M1 | TT저장 탱크 | 트레일러 차량 운송 탱크 보관 구역 |
| | M2 | 압축기실 | 수소가스 압축기 설비실, 냉각기와 분리구획되어야 함 |
| | M3 | 냉각기실 | 수소가스 냉각기 설비실, 압축기 설비실과 분리구획, 외부에 배치 가능 |
| | M4 | 디스펜서 | 수소가스를 차량에 충전하는 충전기 |
| | M5 | 그레이팅 | 수소 가스 PIT 상부 마감재: 무소음 그레이팅 적용 / 트레일러 동선 중 하중 그레이팅 적용 |
| | M6 | 매쉬 펜스 | 고압가스시설이므로 접근 통제 및 관리용 |
| | M7 | 사무실 | 전기패드 설치, 신축형: 신축 충전소에 포함 / 증축형: 기존 사무실 사용 |
| | M8 | 화장실 | 신축형: 충전소에 포함 / 증축형: 기존 화장실 사용 |

## 현대자동차 수소차충전소 디자인 가이드라인, 2018

지구 온난화에 따른 에너지 패러다임의 변화, 이산화탄소 감축을 위한 파리협정 발효 등으로 자동차 시장에서 내연 자동차의 퇴출 움직임이 본격화되고 있다. 이에 따라 전기차나 수소차와 같은 친환경 자동차의 시장 성장이 가속화되고 있다. 엄밀히 말해 수소차는 전기자동차의 연장이다. 전기자동차가 배터리만을 실은 것에 비해, 수소연료전지차는 배터리의 양을 최소화하고, 수소탱크-연료전지를 추가해 수소로 연료전지를 발전해 배터리를 충전시키는 방식이다.

1990년 친환경 자동차에 대한 관심이 증대되던 시기 우리나라의 현대자동차는 수소자동차 개발에 앞장서 승용차를 비롯해 버스, 화물차 등의 모델을 내놓았다.

2018년 현대자동차로부터 앞으로 200개의 수소차충전소를 만들려고 하는데 이를 위한 디자인 가이드라인 작업을 같이하자는 연락을 받았다. 디자인 가이드라인 작업과 동시에 서너 개의 시범사업 디자인도 의뢰받았다.

수소충전소는 수소폭탄처럼 대단히 위험한 시설일 것이라는 사람들의 인식을 불식할 수 있는 디자인 전략을 세웠다. 청정에너지 수소는 맑고 깨끗하고 가벼운 이미지임을 드러내기 위해 최대한 단순한 형태를 유지하면서 흰색 계열 재료만 사용했다. 백색 박판 세라믹, 저철분 유글라스, 스테인리스 루버를 주재료로 했다. 저철분 유글라스 벽체 뒤에 조명을 숨겨서 은은한 분위기의 야경을 연출해 위험물 취급 시설의 이미지를 불식하고자 했다.

©신경섭

©신경섭

국회 수소차충전소

디자인 가이드라인을 바탕으로 안성 휴게소 수소충전소가 처음으로 준공되었고 상징적인 의미로 국회 수소충전소가 완공되었다. 전국에 수소충전소가 하나둘 완공되고 있다. 2018년 13개에 불과하던 수소충전소는 2024년 1월 현재 285개가 되었다. 2050년 1,000개를 목표로 하고 있다.

공장은 기계를 위한 공간이었다.
이젠 공장도 인간 중심의 공간으로 재편되어야 한다.

기계 중심의 공간

↓

**인간** 중심의 공간

↓

**자연**의 삽입

## 새로운 공장 미학

2010년 처음으로 공장 프로젝트를 접하게 되었다. 제약회사 증축 프로젝트. 당시 제약공장은 해당 분야 전문 설계사무소에서 해야 하는 프로젝트로 인식되었다. 겁 없이 생산라인을 재구성하고, 자연을 삽입하면서 새로운 유형의 공장을 제안했다. 새로운 공장 미학의 출발이다.

18세기 면직물 수요가 급증하면서 수력과 증기력을 기반으로 기계적 생산설비를 갖춘 공장이 생겨났는데 이것이 1차 산업혁명의 출발점이었다. 1차 산업혁명은 현대 공장 시스템의 원형을 낳았다. 1870년 상업용 발전기와 강철 제조 기술의 발달은 2차 산업혁명을 가져왔다. 2차 산업혁명은 미국과 독일이 주도하게 되는데 1913년 헨리 포드가 컨베이어 시스템을 도입하면서 공장은 그 자체로 거대한 하나의 기계가 됐다. 단순노동에 지친 노동자들의 이직 행렬이 이어졌지만 포드는 임금을 올려 그들을 붙잡았다. 결국 2차 산업혁명은 생산의 효율성을 위해 인간이 소외되고 기계 중심의 공장으로 질주하게 되는 계기가 되고 말았다. 찰리 채플린의 "모던 타임즈"에서 인간이 소외된 공장의 모습을 확인할 수 있다. 3차 산업혁명은 1969년 정보통신기술혁명이다. 전기통신분야와 컴퓨터 기술이 융합되고 사회문화적 변동이 일어나면서 제조업은 물론 일상생활에서도 디지털화가 가속화되었다. 공장은 더욱 자동화되고 대형화되고 있다. 거대 공장 시스템으로 인한 심각한 환경 파괴와 인간이 배제된 공간의 이면에는 거대 공장이 가능케 한 생활 수준 향상과 그것이 재창조할지도 모르는 새로운 세상에 대한 가능성이 있다. 디지털화되고 대형화되는 현대의 공장

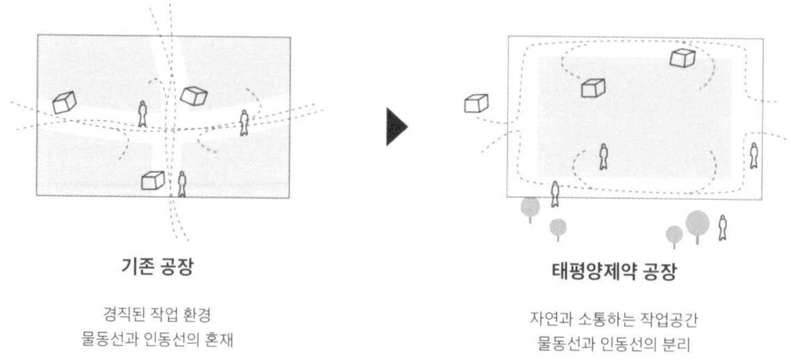

**기존 공장**

경직된 작업 환경
물동선과 인동선의 혼재

**태평양제약 공장**

자연과 소통하는 작업공간
물동선과 인동선의 분리

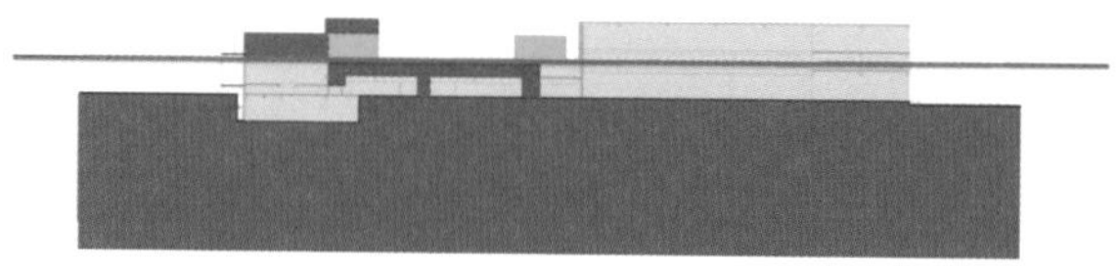

수직적 도시 = 인간 + 기계 + 자연

작업과 산책

은 인간 중심의 공간으로 다시 태어나야 한다.

인간 중심의 공장은 기계, 인간, 자연이 공존하는 공간이다. 이를 구현하기 위하여 세 가지 전략을 세웠다. 동선의 재구성, 자연의 삽입, 형태의 단순화.

## 동선의 재구성

공장은 동선의 건물이다. 공장이 인간을 위한 공간이 되지 못하는 것은 생산라인인 '물류(物) 동선'과 사람의 동선인 '사람(人) 동선'이 서로 얽혀 충돌하기 때문이다. 공장의 동선은 산업 유형에 따라 달라질 수밖에 없다. 설사 같은 산업 유형의 공장이라도 공장의 특성에 따라 독특한 유형의 동선을 가지고 있다. 따라서 동선을 재구성하기 위해서는 생산라인을 분석할 수 있는 날카로운 관찰력과 사람과 생산라인 어느 한 쪽에 치우치지 않게 하는 균형 감각이 필요하다. 생산라인의 효율성에만 집착하면 인간은 소외되기 마련이다.

태평양제약 헬스케어 사업장에서는 사람 동선과 물류 동선을 수평적으로 분리하는 방법으로 두 동선 간의 균형을 맞추려고 했다. 아모레퍼시픽 상하이 캠퍼스에서는 사람 동선과 물류 동선을 수직적으로 분리해 인간 중심의 효율적인 생산성을 보장하는 공장을 제안했다.

## 자연의 삽입

대부분의 제약, 화장품, 반도체 공장의 생산라인은 철저하게 외부와 차단되는 환경이 된다. 생산라인 근로자는 근무 시간에 자연을 접할 기회가 거의 없다. 지루하게 반복되는 생산 과정에서 잠시라도 자연을 느낄 수 있도록 하려고 했다. 출·퇴근할 때, 생산라인에서 벗어나 부대

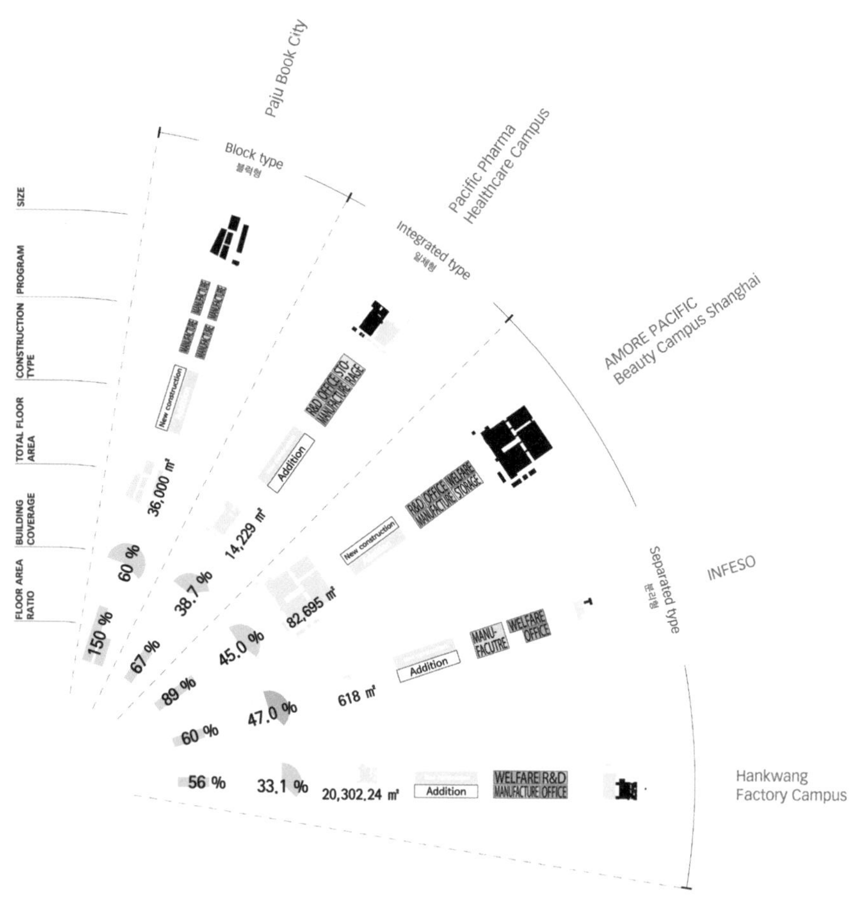
Paju Book City
Block type
블럭형
Pacific Pharma
Healthcare Campus
Integrated type
일체형
AMORE PACIFIC
Beauty Campus Shanghai
INFESO
Separated type
분리형
Hankwang
Factory Campus
SIZE
PROGRAM
CONSTRUCTION TYPE
TOTAL FLOOR AREA
BUILDING COVERAGE
FLOOR AREA RATIO
New construction
36,000 ㎡
60 %
150 %
R&D OFFICE STORAGE MANUFACTURE
Addition
14,229 ㎡
38.7 %
67 %
R&D OFFICE WELFARE MANUFACTURE STORAGE
New construction
82,695 ㎡
45.0 %
89 %
MANU-FACUTRE
WELFARE OFFICE
Addition
618 ㎡
47.0 %
60 %
WELFARE R&D MANUFACTURE OFFICE
Addition
20,302.24 ㎡
33.1 %
56 %

시설로 이동할 때, 점심시간이나 휴식 시간에 최대한 자연을 접할 수 있도록 동선 사이에 자연을 삽입했다.

### 형태의 단순화

단순하고 간결한 동선을 추구하면서 구축의 논리도 단순해지고 자연스럽게 형태도 간결하고 단순해졌다. 개구부가 필요 없는 생산 시설의 특성상 창문이 없고 단순한 형태는 단아하게 앉아 있는 미술관 같은 공장을 가능케 한다.

공장은 크게 제조, 관리(부대시설 포함), R&D, 물류의 네 가지 요소로 구성되어 있다. 공장은 이 요소의 구성 방식에 따라 세 가지 유형, 즉 일체형, 분리형, 블록형으로 분류할 수 있다. 일체형은 제조, 관리, R&D, 물류가 하나의 건물에 복합적으로 배치된 유형으로 태평양제약 헬스케어 사업장과 에이프로젠 오송 캠퍼스가 해당한다.

분리형은 네 가지 요소가 프로젝트의 특성에 따라 다른 건물에 분리 배치된 유형으로 아모레퍼시픽 상하이 뷰티 사업장, 인페쏘, HK 사창리 공장이 해당한다. 상하이 뷰티 사업장의 경우는 원래 일체형으로 설계하려 하였으나 중국 법규로 창고(물류센터)의 규모가 제한되어 있어 생산 시설과 창고가 불가피하게 분리되는 상황이 되었다. 그러나 생산 시설과 관리 및 R&D는 일체형으로 되어 있어 분리형 속에 일체형이 있는 구조로 볼 수 있다.

블록형은 하나의 블록에 여러 개의 공장이 공존하는 형태로, 파주 북시티가 대표적이다. 파주 북시티 2단계의 블록 건축가로, 총괄하고 있는 필드 블록(FB) 16에는 6개의 인쇄소가 입주했다.

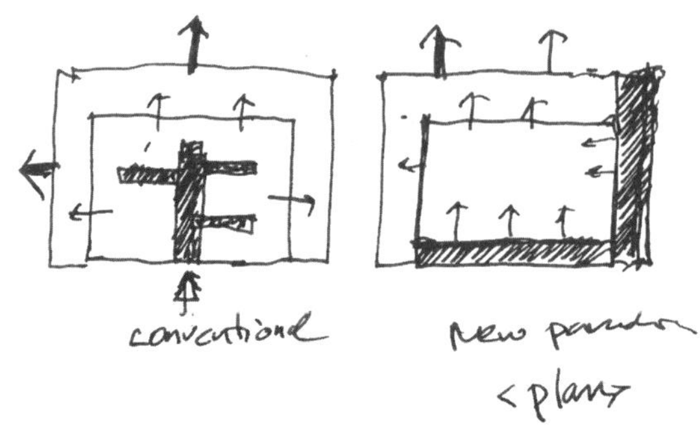
conventional
new paradigm
<plan>

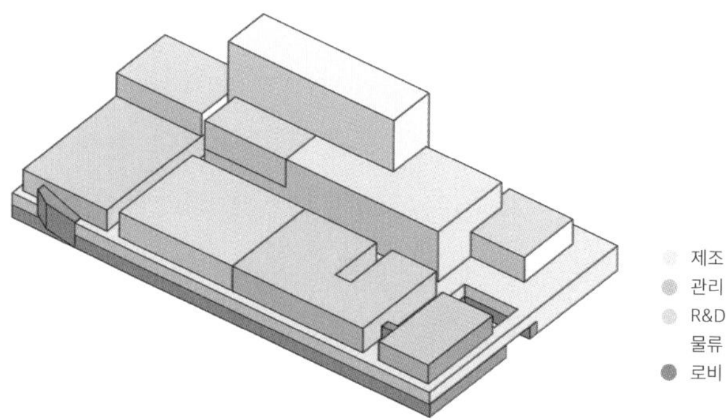
제조
관리
R&D
물류
로비

PACIFICPHARMA
©신경섭

## 태평양제약 헬스케어 사업장, 2012

공장건축을 깊게 생각하게 한 첫 프로젝트이다.

공장은 기계를 위한 공간이었다. '기계의 효율성=생산의 효율성'이라는 등식이 성립되던 시대는 지났다. 이제는 인간에게 집중해야 한다. 내 이런 생각을 알고 있기라도 했던 것처럼 건축주는 프랑스에 있는 화장품 생산 공장의 예를 들면서 가능하면 생산라인에서 일하는 직원들도 최대한 자연을 느낄 수 있었으면 좋겠다고 했다.

인간 중심의 공장을 만들기 위해서 물(物) 동선과 인(人) 동선이 혼재되어있는 일반적인 공장의 동선에서 벗어나 사람의 동선을 외곽으로 배치해 내부 동선이 수평적으로 분리된 새로운 공장 동선 타입을 제시하였다. 외곽에 배치한 복도는 외부공간과 맞닿아 작업장으로 드나들면서 자연과 호흡하고 미술관 같은 공장을 만들어 준다. 또한 제조, 포장 등 생산시설과 사무실, R&D 등 지원연구시설이 수평적으로 배치되어있는 일반적인 배치를 지양하고 생산시설과 지원연구시설을 수직적으로 배치하여 물동선과 인동선의 충돌을 피하고 효율적인 동선 시스템을 구축하였다.

기계 중심의 공간을 인간 중심의 공간으로 재편하기 위해 자연을 끌어들였다. 도시적인 스케일에서 전면에 그대로 보전된 녹지는 이 공장뿐만 아니라 주변의 삭막한 공단에서 허파와 같은 역할을 하면서 시각적 오아시스가 된다. 공장에 중정 형식으로 삽입한 마당은 인간과 자연이 만나는 접점 공간이 된다. 이러한 노력의 결과로 공장 프로젝트로서는 거의 처음으로 다수의 건축상을 수상하였다.

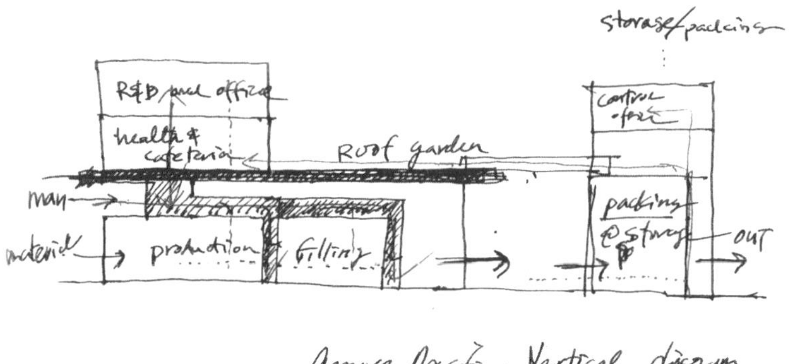
storage/packing
R&D/and office
health &
cafeteria
Roof garden
man
material
production
filling
control
office
packing
@storage
OUT
Amore Pacific Vertical diagram

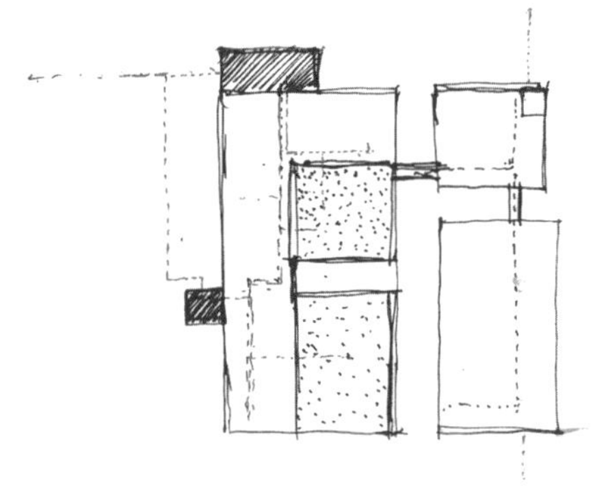
plan
Circulation
Concept.

©신경섭

## 아모레퍼시픽 상하이 뷰티사업장, 2013

최초로 해외에 완공한 프로젝트이다.

우리나라와 다른 법규로 인해 어려움을 겪었으나 콘셉트 설계 단계부터 중국 현지 설계사무소와 협업한 덕에 비교적 수월하게 해결할 수 있었다. 중국의 소방법, 특히 공장 건물의 소방법은 우리의 상상을 초월할 정도로 규제가 심하다. 처음에는 생산, 관리, R&D와 물류를 하나의 건물로 묶어내는 일체형 공장을 생각하였으나 소방법에서 창고의 최대 크기를 규제해 결국 물류를 분리해서 세 개의 덩어리로 분리하는 분리형을 선택할 수밖에 없었다.

1층은 철저하게 기계와 제품을 위한 공간으로 모든 원자재와 완제품, 배출물이 이동하는 공간이다. 생산자들은 2층 탈의실에서 옷을 갈아 입고 2층의 브릿지를 통해 2층의 해당 생산라인에 도착한 후 계단을 내려가 1층의 생산라인에 도착하게 된다. 수직적으로 사람의 동선과 물류의 동선을 분리했다. 두 동선을 수직 분리한 덕분에 서로 다른 레벨의 GMP(Good Manufacturing Practice) 급지가 섞이는 것을 방지할 뿐 아니라 동선의 꼬임을 막아줘 생산 효율을 극대화할 수 있다. 3층에는 식당, 헬스장과 옥상정원 등의 부대시설을 배치, 이곳에서 1, 2층의 생산라인 노동자와 4층의 관리자 및 R&D 관련자들이 만날 수 있게 유도했다. 4층에는 관리자 사무실과 R&D 관련 시설이 있다. 결국 이 건물은 하층부의 생산시설과 상층부의 관리시설이 수직적으로 분리돼 있으면서 한편으로 유기적으로 연계되어 있는 '수직 도시'이다.

ⓒ신경섭

## HK 사창리 공장, 2015

전면에는 커다란 논밭이, 후면에는 녹지가 있는 부지의 특성을 살려 외부의 자연경관을 적극 끌어들여 기계생산 중심이 아닌 사람 중심의 생산시설을 구현한 공장 증축 프로젝트이다.

기존 공장은 여느 생산시설과 별반 다르지 않은, 그러니까 기계 생산의 실용성과 생산성만을 고려한 모습으로 안타깝게도 주변의 수려한 자연경관과 단절되어 있다. 증축 작업을 하면서 자연환경 변화를 공장에서 일하는 사람들도 만끽할 수 있게 여러 장치를 마련했다.

우선 창의 배치를 통해 내부에서도 자연을 수시로 접할 수 있게 했다. 또한 외부 자연을 적극 끌어들인 중정을 두어 이동하면서 간접적으로나마 자연을 경험할 수 있게 했다. 지붕을 옥상정원으로 꾸며 휴게공간으로 활용하며 자연을 온몸으로 체감할 수 있게 했다. 입면 재료는 투명성과 내충격성, 내열성, 난연성, 치수 안정성 등이 장점인 폴리카보네이트로 해서 외부와 단절되지 않고 외부의 변화를 내부에서도 그대로 경험할 수 있게 했다.

대개 공장은 수평동선을 지향하기 때문에 땅을 평평하게 만들고 짓는다. 하지만 이 공장에서는 외부의 수려한 자연경관을 내부에서도 만끽할 수 있는 여러 장치를 두고 동선 또한 산지 지형을 평탄하게 다지지 않고 지형을 따라 구성하고 수직동선을 제안했다. 이런 공간 구성 덕분에 도로에서 각층에 진입하기까지 동선을 최소화할 수 있고 사용 면적을 최대화할 수 있었다.

이 밖에도 쾌적한 환경 조성을 위해 지붕과 측면에 환기창을 배치, 공기 순환과 온도조절이 가능하게 했다. 그리고 계절에 따른 채광

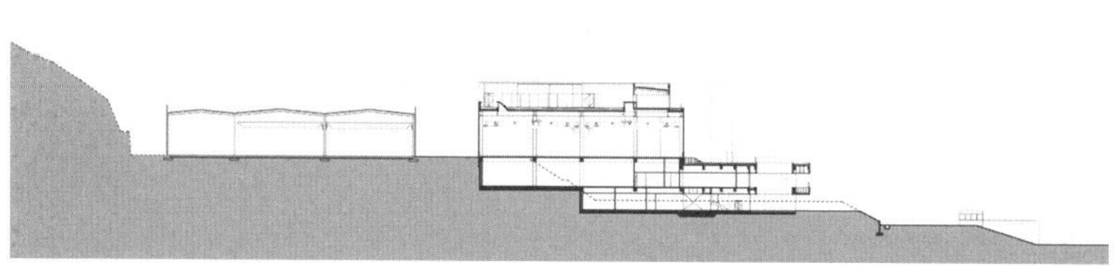

ⓒ신경섭

을 고려해 창의 크기와 창의 높이를 시뮬레이션해 보고 반영했다. 이전의 비효율적인 기계 중심의 생산라인 동선을, 인간 중심의 생산라인 동선으로 바꿀 수 있는 레일 요소를 적용하고, 평면을 새롭게 구성했다.

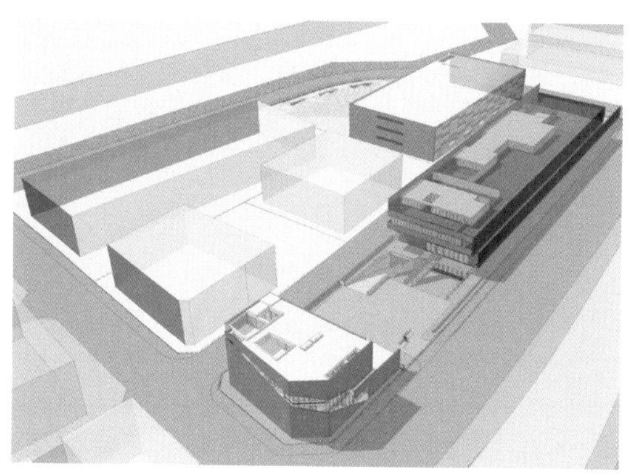

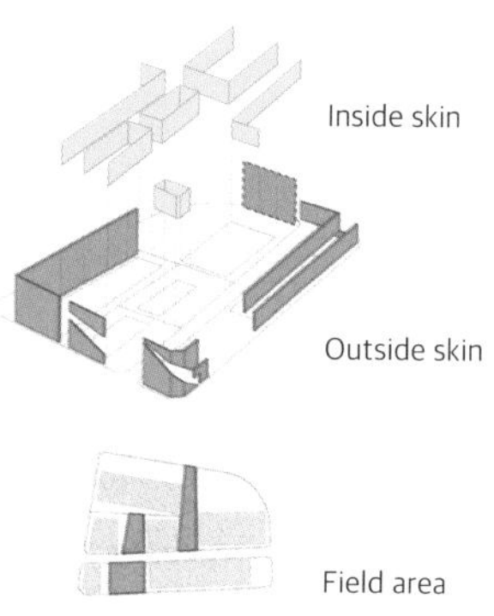
Inside skin
Outside skin
Field area

## 파주출판도시 FB16, 2015

파주출판도시 1단계가 완성된 이후 건물 각각은 개성이 있으나 이들이 모여 만들어내는 도시적 풍경이 없다는 평가를 들었다. 2단계에서는 필드블록 별로 블록 건축가를 지정해 개개의 건물보다는 블록 중심의 도시풍경을 만들고자 했다.

FB16의 블록 건축가를 맡았는데 6개의 인쇄소가 입주하게 되는 블록형 공장지구이다. 인쇄소 1층은 무거운 인쇄기와 종이 창고가 점유하는 기계의 공간이다. 그런데 땅이 좁다 보니 1층에 있어야 할 제본이나 포장 공간이 2층이나 3층까지 점유한다. 디자인팀과 관리팀은 1층에 있는 최소한의 로비와 연결된 2층과 3층의 일부 공간을 점유하게 된다. 조금 여유가 있는 경우 4층에 직원식당과 게스트하우스를 두기도 한다.

면적의 배분만 보아도 인쇄소는 사람보다는 기계를 위한 공간일 수밖에 없다. 인쇄소를 사람 중심의 공간으로 재편하는 작업은 쉬운 일이 아니다.

우선 블록을 외피와 내피로 구분했다. 외피는 외부의 채광을 받아들이고 환기가 가능한 조직이다. 딱딱한 외피에 사람의 움직임을 따라가는 틈을 만들면 그 틈을 통해 사람은 외부, 곧 자연과 소통한다. 블록의 외피에 파인 틈은 사람의 움직임을 암시한다. 블록 안 6개의 인쇄소 가운데 히나인 스크린 그래픽의 백색 외피에는 파인 틈이 있다. 1층부터 4층까지 연속되는 이 틈은 사람의 동선의 흔적이다. 각 층의 사무실 공간은 이 틈을 통해 외부와 소통한다.

반면 내피는 돌출된 박스와 폴리카보네이트 벽을 자유롭게 배

©신경섭

©신경섭

치해 딱딱하고 단순한 외피와 대조를 이루도록 했다. 영신사의 표피는 북쪽을 제외하고는 내피에 속한다. 삼면이 기계를 위한 공간이고 사람의 공간인 틈은 내부에 박혀 있다. 중앙에 거대한 금속 책장을 끼고 있는 내부의 틈은 사람을 위한 공간이다. 이 공간은 하늘을 향해 열려 있다. 외피의 흔적은 북쪽의 이중벽에 남아 있었어야 하나 시공되지 못해 아쉽다. 또 다른 인쇄소인 예인미술의 외피에는 사람의 움직임을 암시하는 틈이 강하게 남아있다. 스크린 그래픽에서 시작된 틈의 다이내믹을 그대로 연장해 받아줌으로써 블록의 외피를 강하게 규정할 것이다.

FB16은 각각 다른 재료의 외피에 파인 틈의 다이내믹과 내피의 유연함이 대조를 이루는 흥미 있는 블록형 공장이다.

©신경섭

©신경섭

## 인페쏘, 2011

국내 유수의 레이저 가공업체인 인페쏘의 부속동 작업이다. 엄밀히 말해 생산라인이 있는 공장 건물 작업은 아니다. 다른 공장 프로젝트처럼 물(物)동선과 인(人)동선을 어떻게 구성하느냐는 고민에서는 벗어날 수 있었지만 "직원들이 출근하고 싶은 회사를 만들고 싶다"는 건축주의 바람을 담아야 했다.

추상적 이미지의 형태가 되도록 건물 프로그램을 최대로 압축해 풍경을 바라보는 틀을 만들고 인페쏘의 레이저 가공 기술이 녹아 있는 수제품으로 전면 벽을 꾸몄다. OCA에서 제시한 추상적 그래픽을 스테인리스 스틸 각 파이프를 여러 가지 다른 깊이와 너비로 레이저 가공하여 건축주가 직접 설치했다. 이 벽은 인페쏘의 작업 세계를 펼칠 수 있는 캔버스이자 광고판이 되었다.

부지에는 정원도 조성되어 있는데 인페쏘에서 자체 제작한 철제 의자를 놓았다. 이곳에 앉아서 천연기념물인 저어새가 찾아오는 남동유수지와 송도 신도시를 조망할 수 있다.

인페쏘는 인천시가 아름다운 공장 선정 사업을 시작한 첫해인 2016년 아름다운 공장 어워드에서 조형성 부문을 수상했다. "세련된 공장 외관과 탁 트인 호수 전망으로 근로자 사기를 향상시키는 공장"이라는 평가를 받았다.

최근 인페쏘는 디올 성수의 외관 미감재를 제작 설치함으로써 단순한 레이저 가공업체를 넘어 새로운 업역을 열어가고 있다. 뿐만 아니라 현재 OCA가 진행하고 있는 프로젝트에 많은 자문을 해주고 있다. 의미있는 파트너십이다.

## 티에스엠 MTV 신공장, 2017

대지는 시화 MTV(multi-techno valley) 산업단지 안으로 독특하게 남쪽과 서쪽 양쪽에서 공원을 접하고 있다. 주어진 프로그램은 4,000평 규모의 공장과 지원시설, 직원 복지시설이 있는 캠퍼스를 조성하는 것이다. 발주자는 효율적이면서도 공원에 접한 탁월한 주변 환경을 잘 활용한 인간 중심적인 공장을 원했다. 주변으로 열린 공장, ㄷ자 중정형 공장, 미술관 같은 공장을 제안했다.

### 주변으로 열린 공장

건물 내부 어느 쪽이든 주변 공원으로 열려 있는 공장이 될 수 있게 하기 위해 가능한 범위 안에서 공장 1층 대부분을 창으로 구성했다. 그 결과 자연 채광과 자연환기가 가능한 인간 중심의 쾌적한 작업공간이 만들어졌으며 냉난방용 에너지를 절감하는 효과도 가져왔다. 부속시설의 1층도 대부분 필로티로 띄우고 로비나 식당을 투명하게 처리해 밖에서 볼 때나 안에서 밖을 볼 때 주변으로 열린 공장이 되도록 했다. 낮에는 물론이고 저녁에 실내조명을 켜면 확연하게 드러난다.

### ㄷ자 중정형 공장

대부분의 공장 공간은 생산 효율성 중심으로 구성되기에 기계와 생산라인이 1층을 점유하고 사람을 위한 공간은 1층 일부나 2·3층으로 밀려나게 된다. 인간과 기계가 1층에서 공존하는 공장이 될 수 있게 공장과 지원시설을 마당을 중심으로 ㄷ자로 배치했다. ㄷ자형 중정은 공장으로 진입할 때 처음 만나게 되는 진입광장이면서, 공원도 되고, 주

©신경섭

©신경섭

차장도 되고, 하역장도 되는 다목적 공간이다.

ㄷ자형 중정은 인간과 자연 그리고 기계가 하나 되는 공간이다.

### 미술관 같은 공장

두 가지의 외장 재료를 기능에 따라 논리적으로 적용했다. 공장 건물은 가장 저렴한 우레탄 패널로 마감하고 지원시설은 테라코타로 마감했다. 단순한 형태 구성과 논리적인 외장 재료를 사용한 덕분에 공사 내내 미술관을 짓는 줄 알았다는 이야기를 들었다. 생각해보니 미술관과 공장은 여러모로 닮아있다. 모두 동선의 건물이요 단순한 형태만으로도 프로그램을 담을 수 있기 때문이다.

©남궁선

단조로운 박스를 탈피한 공장

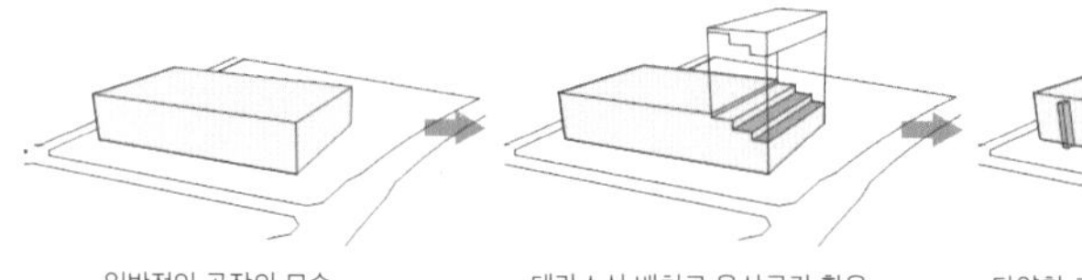

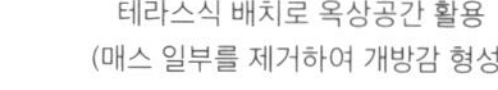

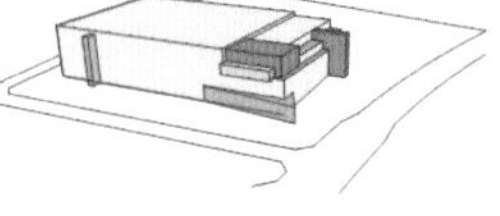

일반적인 공장의 모습
(폐쇄적이고 단조로운 모습의 공장)

테라스식 배치로 옥상공간 활용
(매스 일부를 제거하여 개방감 형성)

다양한 크기와 모양의 매스 배치
(활기있는 경관 형성)

©남궁선

## 에이프로젠 오송 캠퍼스, 2018

항체신약 및 바이오시밀러 전문기업인 에이프로젠은 오송공장을 준공하고 국내 빅3에 해당하는 2,500KG의 바이오시밀러 생산시설을 확보, 글로벌시장에 본격적으로 진출할 수 있는 토대를 마련했다. 오송공장은 약 42,000$m^2$ 부지에 연면적 약 45,900$m^2$로 지하 1층, 지상 4층 규모이다. 대지는 독특하게 서쪽에 공원을 접하고 있다. 요구되는 프로그램은 14,000평 규모의 공장 및 지원시설 그리고 직원 복지시설이 있는 캠퍼스이다. 건축주는 가장 효율적이면서 공원에 접한 탁월한 주변 환경을 잘 활용하고 인간 중심적인 공장을 원하였다.

바이오 공장이기에 공장에는 외기에 면한 창을 설치할 수 없다. 그래서 자연 채광이 허용되지 않는 공간을 제외하고 모든 공간에 자연 채광이 가능한 중정을 두었다. 크기는 작지만 모든 동선이 이 중정을 중심으로 자연스럽게 흘러간다.

사무실, 연구실과 같은 지원시설, 식당이나 헬스장과 같은 직원 복지시설은 서쪽의 공원 가까이 배치하고 창과 테라스를 설치해 공원 풍경을 즐길 수 있게 했다.

지원시설, 직원 복지시설은 공장과 다른 외장재료를 사용해 구분했는데 이번에도 공장 같지 않고 미술관을 짓는 줄 알았다는 이야기를 들었다.

원래 우리는 땅에 발을 딛고 일하고 생활했다.
공중(空中) 생활이 보편화된 지금,
일터에서 나마 땅과 자연을 접할 수 있는
테라피스를 제안한다.

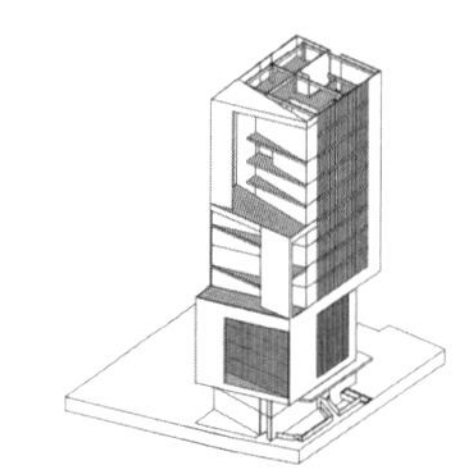

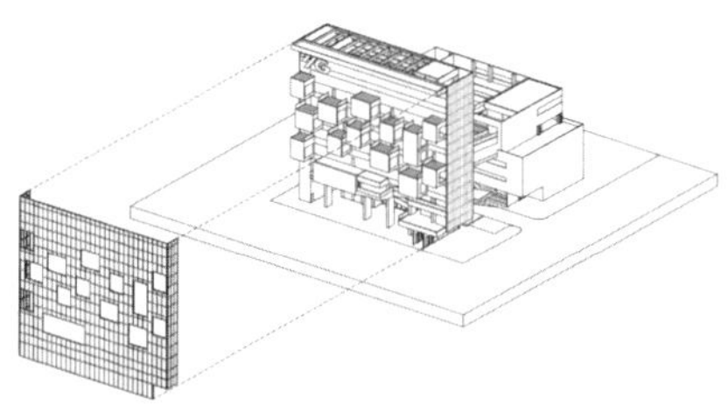

새로운 유형 **Terra**ce + O**ffice** = Terraffice

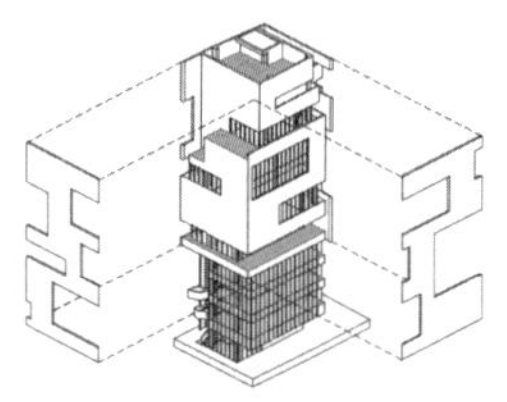

# 테라피스

사람은 땅을 밟고 자연 속에서 자연과 함께 생활한다. 이 새로울 것 없는 당연한 행위가 현대에 와서는 결심을 하고 실행에 옮겨야 가능한 일이 되어 버렸다. 고층 아파트에서 일어나 엘리베이터를 타고 지하주차장에 주차한 차를 타고 곧장 볼일을 보러 간다. 땅에 발을 디디는 순간이 거의 없다시피하다. 한술 더 떠 대부분의 아파트에서 세대의 유일한 외부공간인 발코니마저 내부 공간으로 확장해서 사용하고 있다. 다행히 최근에는 발코니의 가치를 재발견하고 점차 외부 발코니를 설치하는 경향이 늘고 있다.

일터는 어떤가? 사무공간은 효율성을 추구하는 공간이다. 사무공간이 점차 고층화되면서 일터에서 외부공간을 옆에 둔다는 것은 사치가 되었다. 일터에서 땅을 밟고 자연을 느끼게 하는 방법이 없을까 고민하면서 제안하게 된 것이 사무실의 모든 층에 테라스를 두는 새로운 유형의 사무실인 '테라피스(TERRAFFICE)'이다. 땅을 의미하는 '테라(terra)'와 사무공간을 의미하는 '오피스(office)'를 결합한 합성어이다. 테라는 테라스(terrace)의 줄임말이 되기도 한다.

소규모 사무실에서 테라스는 자연과 소통하는 공간인 동시에 에어컨 실외기 등을 설치하는 유틸리티 공간이 된다. 실외기를 옥상에서 한꺼번에 처리하는 비교적 규모가 있는 사무실의 경우 테라스는 동료들과 교류하고 자연과 소통하는 창구가 되어 준다. 또한 테라스는 건물 전체의 이미지를 구축하는데 중요한 요소이면서 도시의 풍경을 풍요롭게 만드는 도시의 구성요소가 된다.

©남궁선

©남궁선

©남궁선

테라피스는 다양한 실험을 통해서 정립된 유형이다. 임대 사무실의 각층에 전용 테라스를 설치한 양재복합시설, 사무실 전면과 옥상에 테라스를 설치한 HK 사창리 사옥이 초기 테라피스 유형이다. 그리고 오피스텔의 중간을 비워내어 테라스를 설치한 DUO 302, 중층 업무시설의 각층에 테라스를 부분적으로 설치한 더 레드 빌딩을 준공했다. 이후 클리오 사옥에서 각층에 사무공간의 내부와 외부를 연결해 주는 매개 공간으로 테라스를 도입했다.

테라스는 관찰자의 시점에서는 다양한 도시풍경을 만드는 프레임 역할을 하며, 사용자의 시점에서는 다채로운 도시풍경을 조망하는 뷰파인더가 된다. 이제 테라피스는 새로운 유형으로 진화하고 있다. 에코 아트리움과 테라피스가 융합된 YG-1 사옥 프로젝트가 새로운 출발점이다.

## 비움이 선사하는 생동감 있는 도시풍경

효율성만 고려한 공간 구성으로 인해 똑같은 모양으로 꽉 채워진 건물들의 입면은 도시풍경을 평면적으로 만든다. 건물 곳곳을 비우고 테라스로 만들어 밋밋하고 평면적인 도시풍경을 입체적이고 생동감 있는 풍경으로 바꾸고자 한다.

입면 여기저기 불규칙하게 비어 있는 공간과 방향에 따라 시시각각 변하는 빛이 입면에 다양한 표정을 만들어준다. 해가 진 후 퍼져 나오는 실내 조명의 빛은 낮과는 다른 도시풍경을 선사한다.

©남궁선

©남궁선

## 더 레드 빌딩, 2018

서울 영등포구 양평동에 자리한 10층 규모의 오피스빌딩이다. 대지는 1980~90년대에 지어진 비슷한 모양의 저층 건물들이 줄지어 있는 왕복 6차선 양평로 변에 있다. 저층부는 임대용 상업 공간이고 고층부는 사무용 공간이다. 서울의 여느 도로변 오피스와 다르지 않은 환경으로 사무실 밖을 나와도 산책하거나 잠시 쉴 만한 마땅한 장소가 없다. 그래서 굳이 건물을 벗어나지 않더라도 소통하고 쉬면서 잠시나마 여유를 즐길 수 있는 공간을 만들어주고자 했다.

각층의 임대사무실에서 개별마당을 가질 수 있게 실내 마당 개념을 도입했던 양재복합시설이나 설비 중심이 아닌 인간 중심의 공장으로 만들기 위해 중정과 옥상정원으로 공장 밖 자연을 끌어들인 HK 사창리 공장에서 시도한 테라스 공간을 더욱 적극 도입했다. 더 레드 빌딩의 테라스는 층마다 다른 모습이다. 어느 곳에서는 녹지를 접할 수 있고, 어느 곳에서는 시야가 트인 도시를 조망할 수 있다. 특히 10층의 테라스에서는 한강을 한눈에 조망할 수 있다.

더 레드 빌딩의 테라스는 '소통'과 '쉼'의 공간이다. 테라스는 '비움'으로 다이내믹한 풍경을 만드는 중요한 도시적 장치이다.

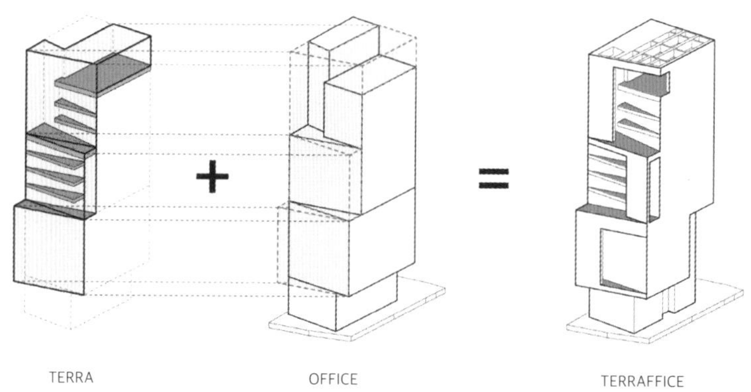
+
=
TERRA
OFFICE
TERRAFFICE

## 클리오 사옥, 2019

"우리는 화장품을 통하여 새로운 변화를 즐기는 사람에게 자신감과 즐거움을 제공하기 위하여 존재합니다. 우리는 끊임없는 혁신과 강력한 브랜드 경쟁력을 기반으로 화장품 시장을 선도하고 있습니다".

클리오 코스메틱 홈페이지의 첫 화면에 나오는 클리오의 경영철학이다. '끊임없는 혁신'은 OCA 정신과도 일맥 상통하고 클리오 사옥을 만드는 원동력이 되었다.

클리오 사옥은 도시적 스케일로 사방에서 쉽게 인지될 수 있는 대지의 조건과 불특정 다수가 아닌 모든 층의 기능을 세세히 정의해야 하는 사옥이라는 프로그램적 특성이 있다. 외부 관찰자와 내부 경험자를 동시에 만족시킬 수 있는 새로운 전략에 대한 필요성을 느끼고 더 레드 빌딩과는 또 다른 성격의 테라피스를 도입했다.

클리오 사옥에서 테라피스와 함께 주목받은 또 하나의 시도가 있는데 바로 주차장이다. 주차장을 지하에 두지 않고 기계식 타워 주차로 하지도 않고 3층부터 6층에 자주식 주차장을 두었다. 동료 건축가들이 주차장 시스템을 보고 싶다며 클리오 사옥을 찾는다.

### 다양한 도시풍경을 만드는 백색 프레임: 관찰자의 시점

클리오 사옥의 테라스는 4개 층마다 벽 구조로 지지되는 비교적 큰 규모의 테라스가 엇갈리게 적층되어 있다. 또한 그 사이에 각층의 작은 테라스가 매달려 있다. 이렇게 배치한 테라스는 입면의 프레임이 되어 리듬감 있는 도시풍경을 만들어 준다. 엇갈린 프레임은 단순하고 간

ⓒ남궁선

결한 소재로 마감해야 리듬감이 더욱 살아날 수 있을 테니 백색 박판 세라믹, 저철분 유글라스, 저철분 유리 세 가지 재료만 사용했다. 백색은 색조 화장품 회사인 클리오 사옥의 이미지를 반영한 선택이기도 하다.

클리오 사옥은 도시의 다양한 지점에서 관찰된다. 성수대교를 따라 북쪽으로 이동하면 서울숲 너머로, 왕십리로를 따라 남쪽으로 이동하면서 도로의 선형을 따라 다양한 풍경으로 관찰된다. 서울숲 거울 연못과 언더스탠드애비뉴 그리고 뚝섬역에서도 관찰된다. 설계 당시 의도했던 장면도 있고 뜻밖의 발견도 있다. 어차피 도시의 풍경은 그런 것이 아닌가?

### 다양한 도시풍경을 조망하는 뷰파인더: 사용자의 시점

테라스는 건물을 사용하는 사람들이 다양한 도시의 풍경을 조망할 수 있는 일종의 뷰파인더이다. 테라스에서 바라보는 도시는 사무실 안 창에서 바라보는 것과 비교할 수 없다. 눈에 들어오는 풍경 자체도 다르지만 오감으로 스며드는 바람과 소리와 함께하는 풍경과 눈으로만 담는 풍경은 전혀 다른 경험이다.

사진기를 들고 도시의 풍경을 찍는다는 생각에서 테라스의 위치와 방향을 정했다. 거의 모든 층에서 남쪽으로 한강, 서쪽으로 남산, 멀리 동쪽으로 롯데타워를 조망할 수 있다. 클리오 사옥의 테라스는 서울 시내의 명소들을 담아낼 수 있는 '포토 스팟'이다.

### 중간층에 도입한 주차장

사옥 중간층에 주차장을 두겠다는 결정을 하기까지 오랜 시간 고민했

©남궁선

다. 우리나라에서 흔한 사례가 아니기도 하고 클리오 측에서 받아들일지도 미지수였다. 때마침 시카고에 가게 되었는데 그때 비로소 확신할 수 있었다. 시카고에서는 지하 암반층 때문에 지상층에 주차장을 두는 경우가 많았다. 지하를 파기 위해서는 상당한 공사비와 공사 기간이 필요하기 때문이다. 옥수수 빌딩으로 알려진 마리나 시티 역시 마찬가지였다. 65층 규모의 주상복합 건물로 18층까지가 주차공간이다. 더구나 외벽 없이 뚫려 있어 이 장면을 보러 찾아가는 사람들도 많다.

지상 3층부터 6층에 주차장을 둔 것은 여러모로 현명한 선택이었다. 건축법상 주차장은 용적률 산정에서 제외되기 때문에 지상층의 연면적을 그대로 유지하면서 지하층의 공간을 필요한 기능으로 채워 부족한 면적 문제를 해결할 수 있었다. 더불어 용적률만 따지면 지상 10층까지 올릴 수 있는데 용적률에 산정되지 않는 지상 4개 층의 주차장 덕분에 4층을 더 올려 14층으로 할 수 있었다. 14층으로 하니 건물의 비례도 좋아졌다.

### 거실이 된 주차장

더욱이 점차 가까워지고 있는 자율주행 시대에는 지금보다 훨씬 적은 수의 차량이 주차할 것이고 기존 주차장은 50% 이상 남아돌 것이다. 이럴 때 지상의 주차장은 간단한 리모델링을 거쳐 사무실로 쉽게 개조할 수 있다. 지금도 지상 6층 주차장은 필요에 따라 전 직원이 모이는 행사나 파티 공간으로 사용하고 있다. 주차장이 거실이 된 것이다. 지상 주차장은 미래의 도시를 대비하는 탁월한 전략이다. 요사이 서울에서 카리프트를 이용한 지상 주차장들이 가끔 눈에 띄고 있다.

©남궁선

©남궁선

## YG-1 사옥, 2021

클리오 사옥 이후 또 하나의 사옥 프로젝트를 진행했다. 엔드밀링 커터라고 불리는 엔드밀을 제조하는 YG-1 사옥으로 본사와 연구동 두 동을 설계했다. 이 프로젝트에서는 더 레드 빌딩이나 클리오 사옥과는 다른 형태의 테라스를 제안했다. 로비에서 지붕까지 뚫려 있는 아트리움 공간을 따라 회의실 박스들이 수직으로 매달려 있다. 수직으로 매달려 있는 각층의 회의실 박스 지붕을 테라스로 활용할 수 있도록 했다. 별도의 냉난방 장치 없이 환기와 온도조절이 가능한 '에코 아트리움'에 '테라피스' 개념을 융합한 새로운 개념의 친환경 건축이다.

YG-1 사옥 작업에서도 놓지 않은 개념은 '공공성의 실천'이다. 공공성 지도를 만들고 기존 녹지와 보행 공간 체계를 분석했다. 송도 신도시는 기능주의적 도시계획의 잔재가 남아 있는, 즉 대형 녹지지역과 업무지역을 기계적으로 구분한 신도시이다. 두 개의 대형 녹지지역을 선형 녹지로 이으려는 시도는 좋아 보인다.

부지 중간에 보행통로가 있는데 부지 전체를 꽉 채워 건물을 올린다면 보행통로는 끊기게 된다. 그래서 보행통로를 살려 누구나 자유롭게 지나다닐 수 있게 글로벌 센터와 미래 센터 그러니까 본사와 연구동을 별동의 건물로 구성하고 두 동은 4층의 커뮤니티 공간에 연결다리를 설치해 이어질 수 있게 했다. YG-1 사람들은 이 공간을 'X 파워 라운지'라고 부른다. 식당, 카페, 휴게공간이 있어 모든 직원이 모여서 소통하고 활력을 되찾을 수 있는 거실과 같은 공간이다.

도시계획 당시 짜놓은 녹지와 보행통로 사이에 건물을 끼워놓

## 친환경 건축과 새로운 패러다임의 사무실 공간의 융합

**공간 구성 및 기능**

업무공간

회의실 및 휴게실

차양 역할

1, 2, 3층 오픈 공간

300석 규모의 강당

측면을 열어주어 채광 및 내부 풍경 조망(회의실 및 휴게실)

**기능적 평면 구성**

회의실 휴게실 테라스 + 사무실 = 사무공간과 공용공간(회의, 휴게실) 기능을 최대로 높임

©남궁선

©남궁선

아 건물로 인해 도시계획의 틀이 어그러지지 않게 했다. 도시에 녹지와 보행통로가 있다면 YG-1 사옥에는 녹지 역할을 하는 소통과 쉼의 공간인 에코 아트리움과 테라피스, 보행통로 역할을 하는 글로벌 센터와 미래 센터의 연결 다리가 있다. YG-1 사옥은 기존 도시 체계를 존중하며 삽입한 또 하나의 작은 도시이다.

2022년 통계에 의하면 우리나라 전체 가구의 25.7%가
반려동물과 함께하는 반려가구다.
바야흐로 반려동물과 함께하는 시대이다.

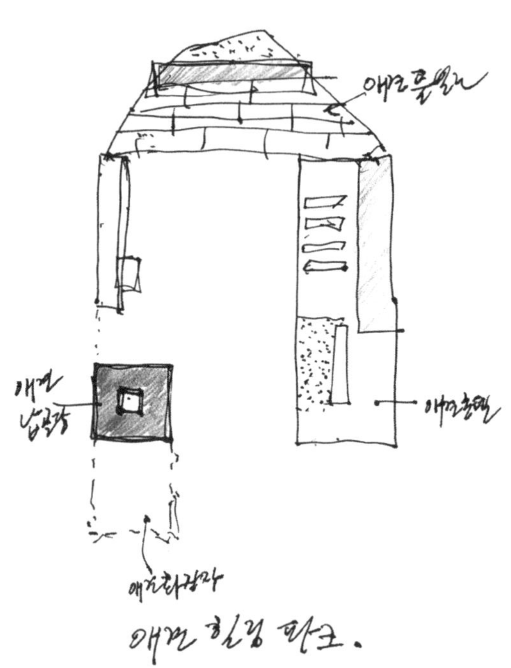


애견 힐링 파크.

## 반려동물과 함께하는 시대

KB경영연구소에 발표한 〈2023년 한국 반려동물 보고서〉에 의하면 2022년 말 기준 개나 고양이 등 반려동물을 기르는 반려 가구는 552만 가구라고 한다. 우리나라 전체 가구 수의 25.7%에 해당한다. 반려 가구 가운데 개를 기르는 반려견 가구가 71.4%로 가장 많은 비중을 차지하고 있다.

반려견은 우리 생활의 일부가 되었다고 해도 과언이 아니다. 이런 추세를 반영하듯 관련 법규도 개정되었다. 2023년 반려견 호텔, 반려견 훈련소, 반려견 유치원, 동물병원, 동물 미용실 등과 같은 애견관련시설을 300m² 이하의 규모이면 전용주거지역인 주택가에 설치할 수 있도록 했다.

최근 애완견을 위한 화장장 및 납골당의 수요가 폭발적으로 늘어나고 있고 여행 가면서 공항 근처에 애완견을 맡길 수 있는 애견호텔, 애완견 전용 풀빌라 등 새로운 시설의 수요가 급증하고 있다. 애견힐링파크는 이런 시설을 모아 단지화한 새로운 유형의 애견 시설이다.

## 애견 힐링 파크, 2022

2013년 인천공항에 접한 공항형 호텔 오라호텔을 설계하면서 공항형 애견 호텔도 같이 설계했다. 해외여행을 할 때 애견을 애견 호텔에 맡기고 가면 그 기간 애견의 숙식은 물론 미용, 예방접종까지 해주는 풀 서비스를 제공하는 시스템이다. 당시에는 혁신적인 아이디어였으나 건축주는 아직은 이르다고 판단했는지 일반 호텔인 오라호텔만 짓고 애견 호텔은 추후로 미루었다.

애견 호텔에 미련을 버리지 못한 건축주는 2022년에 한층 더 발전한 구상을 가지고 다시 찾아왔다. 애견 화장장, 애견 납골당, 애견 호텔, 애견 풀빌라가 공존하는 애견 힐링 파크를 만들자는 것이었다. 애견 화장장은 6기의 화장로가 있고 납골당에는 옥내와 옥외에 약 2,000기를 수용할 수 있는 규모이다.

애견 호텔은 10년 전 구상했던 것 이상의 시설을 갖추게 된다. 애견 풀빌라는 애견과 견주가 함께 즐길 수 있는 공간이다.

애견 힐링 파크는 내게 커다란 질문을 던졌다.

죽음을 위한 공간인 화장장 및 납골당과 삶을 위한 공간인 애견 호텔 및 풀빌라가 하나의 공간에서 공존할 수 있을까?

사실 이 질문은 건축 심의 과정에서도 큰 쟁점이 되었다. 애견의 삶과 죽음이 공존하는 공간은 프로그램의 재해석과 건축적 장치로 구현 가능한가?

이 질문에 대답을 구하기 위한 애견 힐링 파크의 첫 삽을 떴다.

# 열린 풍경

함께 누리는 도시는 열린 풍경이다.

## 열린 풍경

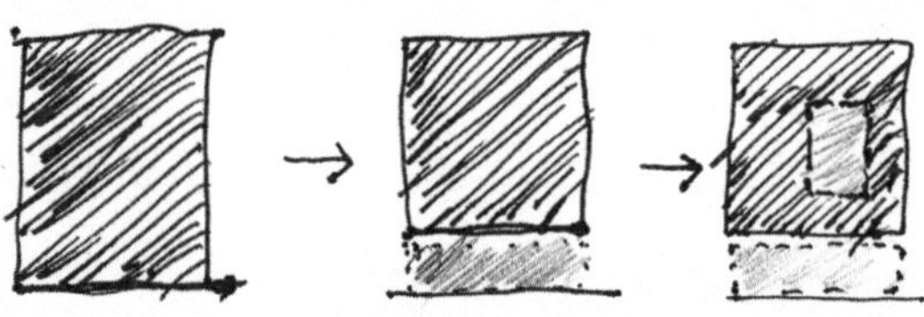

비움으로 만들어낸 공공성

# 열린 풍경

함께 가꾸고 함께 누리는 도시를 만들기 위해서 꼭 필요한 것이 '열린 풍경'이다. 열린 풍경은 물리적, 사회적 경계를 허물고 서로 모여 살면서 교류하는 도시 풍경이다. 사적 영역의 건축주들은 경제적인 이익을 우선으로 하기 때문에 공공성을 확보하고 열린 풍경을 만드는데 소극적이고 이기적일 수밖에 없다. 이런 경우 공공성 실현을 위해서는 '공공성을 확보하면 더욱 높은 경제적 이익을 확보할 수 있다'는 논리로 건축주를 설득하고 증명하는 치밀한 전략이 필요하다.

DUO 302에서는 오피스텔의 중간층을 비워내고 이 빈 공간을 오피스텔 이용자 누구나 자유롭게 이용하고 교류할 수 있는 커뮤니티 공간으로 만들었다. 1층은 일반에게 개방할 수 있게 구성했다.

한남3구역, 은평 기자촌, 백사마을 주거지 보전사업과 같은 아파트 프로젝트에서는 사회적 문제로 대두되고 있는 아파트 단지 문제의 해법을 단지 허물기라는 단순하지만 다소 까다로운 방법으로 모색했다.

여러 사람이 이용하지만 사생활을 보호받아야 하는 교회들과 노인요양시설, 시립 장지하나어린이집에서는 열린 마당을 두는 방식으로 지역 사회와 공존할 수 있는 방안을 제시했다.

무엇보다 가장 사적인 공간인 주거에서 커뮤니티 마당을 두고 경계를 허물어 열린 주거 풍경을 만드는 다양한 시도를 했다. 열린 주거 풍경을 만드는 시도는 집합 주택을 넘어 가장 사적인 공간인 단독주택까지 확장된다.

©신경섭

©신경섭

## 비움으로 만들어낸 공공성

지금까지 경험한 공간 중 가장 감동적인 공간을 꼽으라면 첫 번째로 홍콩의 미드레벨 에스컬레이터를 꼽는다. 물론 오랜 삶의 흔적 위에 새로운 삶이 더해진 구도심 풍경은 어디를 가든 아름답다. 그럼에도 홍콩의 미드레벨 에스컬레이터를 첫 번째로 꼽는 이유는 에스컬레이터라는 인위적인 장치를 삽입한 방식 때문이다. 800m에 달하는 에스컬레이터를 기존 도시조직에 커다란 생채기를 내지 않으면서 삽입해 새로운 유형의 보행 친화도시를 제시했다. 누구나 거부감 없이 에스컬레이터를 이용하며 가지처럼 뻗어 있는 주변의 공간으로 이동한다.

미드레벨 에스컬레이터를 공공성의 풍경으로 봐야 하는가 하는 질문에 나는 매우 그렇다고 생각한다. 에스컬레이터라는 매개체를 이용해 누구나 이용할 수 있는 공간을 만들고 자연스러운 흐름을 만들어냈다. 미드레벨 에스컬레이터를 삽입한 것은 강력한 비움 행위라고 생각한다. 잘 비우면 많은 사람이 모여도 혼란스럽지 않고 자연스러운 흐름이 만들어진다.

미드레벨 에스컬레이터처럼 적재적소에서 제대로 비워내는 행위로 도시의 구조를 바꿀 수 있다. 건축가는 비록 작은 특정 땅을 대상으로 작업하지만 대지 주변의 구조와 흐름을 파악하고 어디를 어떻게 비워야 할지 제대로 처방함으로써 도시의 풍경을 바꿀 수 있다. DUO 302 프로젝트에서는 지상층의 대부분을 비워냄으로써 한때 우울했던 이면도로가 활성화되고 보행자 흐름의 패턴이 바뀌면서 도시의 구조가 바뀌는 놀라운 경험을 하였다.

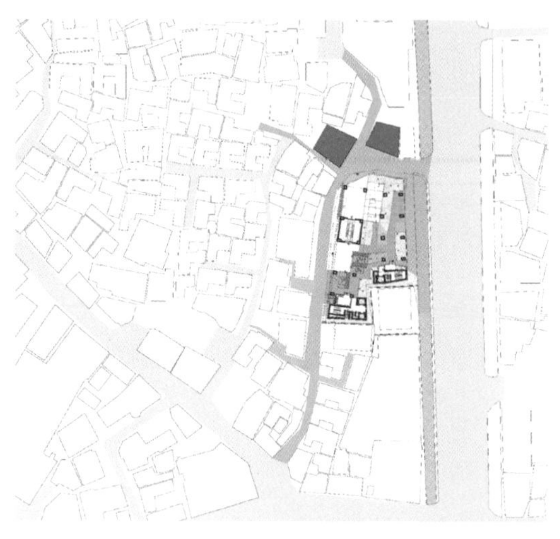

©신경섭

1층을 비움으로 뒷길이 환해지고 사람의 통행이
살아나면서 커피숍이 생기는 도시의 변화를 체험하였다.

## DUO 302, 2014

DUO 302는 오피스텔과 도심형 생활주택이 결합된 복합 건물이다. 오피스텔과 도심형 생활주택은 한국에만 존재하는 독특한 주거 유형이다. 대지는 원래 주유소가 있던 자리로 위험물 처리시설 기준을 만족시키기 위하여 높은 담장을 두르고 있었다. 높은 담장으로 인해 주변과 단절되고 이면도로는 사람이 통행할 수 없는 환경이었다.

작업에 앞서 두 가지 전략을 세웠다. 첫째는 지상을 비우고 이면도로와 주변을 활성화시키려는 도시적 전략이다. 둘째는 오피스텔을 일반적인 중복도 형식이 아닌 편복도 형식을 시도해보는 건축적 전략이다.

### 도시 전략 1: 진입 마당

필로티로 비워진 진입마당은 입주자들의 공간이면서 이웃에게는 쉽게 접근하여 쉴 수 있는 쉼터이다. 6m 높이의 필로티는 시각적 개방감을 주고 이면도로에 접해 있는 커뮤니티에서는 이 비어 있는 공간을 통해 전면 도로와 소통할 수 있다. 이면도로에 사람들이 통행하기 시작하고 보행자들을 위한 포장 전문 카페가 생겨났다.

### 도시 전략 2: 공중정원

총 33개의 유니트를 비워내고 만든 공중정원은 입주자들을 위한 공용공간이다. 동일한 크기의 창이 반복되는 입면에서 듬성듬성 보이는 공중정원 부분의 텅 비어 보이는 사각형 공간은 규칙과 반복을 깨뜨리며 다양한 표정을 연출한다. 특히 조명이 들어오는 저녁, 이 텅 빈

©신경섭

공간의 존재감이 더욱 도드라진다. 이러한 공중정원은 도시의 풍경을 풍요롭게 한다.

### 건축 전략 1: 편복도형 트윈타워 오피스텔

오피스텔은 대개 중앙 복도를 중심으로 양쪽에 실이 있는 중복도형으로 지어진다. 중복도형은 쾌적한 환경이라는 측면에서 보면 한계가 있다. 중복도는 채광이 안 돼 낮에도 어두침침하다. 또한 제대로 된 공용 공간의 역할을 하지 못하고 경우에 따라서는 심각한 사생활 침해를 일으키는 공간이 되기도 한다. DUO 302에서 제안한 편복도형은 자연 채광과 환기에 유리할 뿐 아니라 이웃과 시각적으로 연결된다. 서로 마주보는 편복도는 묘한 사이 공간을 만들어내고 공중에 부양하듯 곳곳에 자리한 브릿지는 몽환적 공간을 만들어낸다. 편복도형은 복도를 마주하는 세대가 없어서 소음과 냄새의 공해로부터 해방될 수 있고 사생활이 보장될 수 있는 구조이다.

### 건축 전략 2: 2인 생활 가능한 공간

기존의 오피스텔 평면보다 조금 더 공간을 확보해 두 개의 침대를 놓고 두 사람이 생활할 수 있다. 천장고도 여느 오피스텔보다 높은 2.7m로 해 훨씬 많은 수납공간을 두었다.

공간의 장점을 수요자는 금방 알아차린다. 분양시장이 경색되던 시절 분양했는데 한 달 만에 302세대가 완판되었고 임대료도 주변 같은 평형대보다 10만 원 정도 더 받는 고부가가치 상품이 되었다. 디자인의 가치가 경제적 가치로 바로 증명된 것이다.

아파트 단지의 경계를 열어야 우리 도시가 산다.

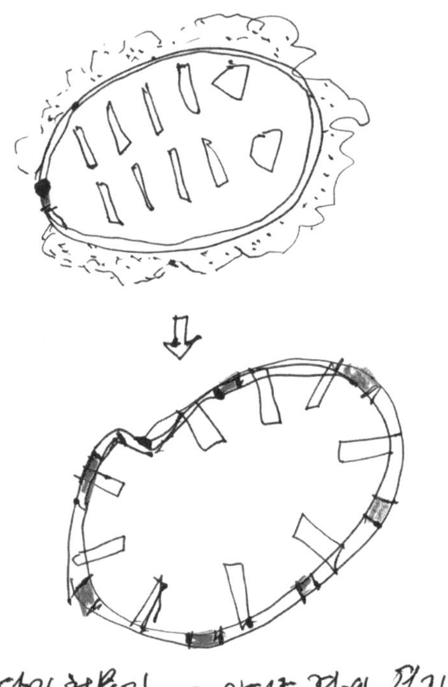

단지 허물기 = 아파트 경계 열기

# 단지 허물기

최근 한 튀르키예 건축가의 강연회에 참석하고 저녁을 같이하는 자리에서 자존심 상하는 이야기를 들었다. 서울도시건축전시관에서 아파트 프로젝트들의 상설전시를 봤다면서 모든 아파트가 주변 콘텍스트와 상관없이 난개발된 것 같고 고립된 섬처럼 주변과 단절된 모습에 깜짝 놀랐다고 했다. 반박할 수 없었다. 우리 아파트의 현주소이기에.

**개발-보존-개발…**

1989년 주택 200만호 건설을 목표로 1기 신도시를 건설하기 시작했다. 2003년에 2기 신도시 건설, 2018년에 3기 신도시 건설을 발표한 후 지금도 신도시 건설이 한창이다. 신도시 건설의 핵심은 아파트 공급이다. 여러 상황을 고려한 도시 전략을 세우고 아파트를 지어야 하는데 우리는 물량 공세에 치중해왔다. 그나마도 정권이 바뀔 때마다 개발과 보존 사이에서 손바닥 뒤집듯 출렁거려 왔다. 정치가들이 자신의 신념 또는 이해득실에 따라 개발과 보존을 왔다 갔다 하는 것은 이해할 수 있으나 도시에 대한 기본적인 가치는 정책에 따라 바뀌어서는 안 된다고 생각한다. 소개하는 3개의 아파트 프로젝트는 '개발-보존-개발…'의 소용돌이를 헤쳐내지 못하고 무참하게 사라졌다.

**아파트가 아니라 아파트 단지가 문제다**

"아파트가 문제가 아니라 단지가 문제다." 아파트 연구자 박인석 교수는 아파트 문제를 진단하면서 '단지의 문제'를 지적한다. 지금까지 우

한남3구역 재정비촉진지구 마을별 건축계획 기본구상

은평 기자촌 임대아파트

백사마을 주거지 보전사업

리는 일부 토지에 진입도로와 같은 최소한의 기반시설만 설치하고 그 안에 최대한 고밀도로 개발하는 고밀집중 단지식 개발 전략을 고수해 왔다. 공공에서 투자해 개발해야 하는 도로, 녹지, 어린이집, 놀이터 같은 인프라를 아파트 단지 입주자들의 비용으로 충당하도록 하고 있으니 단지 안의 삶은 공고해지고 단지 밖으로는 배타적이 될 수밖에 없다는 지적이다. 이렇게 섬처럼 고립된 아파트는 사회적 측면은 물론 도시 경관 측면에서도 도시를 삭막하게 하는 주요 요인으로 꼽힌다.

해법은 단지를 허무는 것, 즉 아파트의 경계를 여는 것이다. 가장 효율적인 방법이 아파트 단지의 경계에 연도형 상가를 배치하는 것이다. 이는 도시의 풍경을 풍성하게 하고 결국은 아파트 단지 주민들의 삶을 풍요롭게 해 줄 것이다.

### 여러 건축가가 만드는 다양한 도시풍경

아파트가 도시의 풍경을 황폐하게 만드는 또 하나의 이유는 대형 설계회사가 단독으로 대단지를 설계하는 관행이다. 최근 한 대형 설계회사 단독으로 대형 단지를 설계하는 관행에서 벗어나 여러 명의 건축가가 공동으로 단지를 설계해 삭막한 풍경을 다양한 도시풍경으로 만들려는 시도가 있었다.

한남3구역 재정비촉진지구 마을별 건축계획 기본구상에 7명의 공공건축가와 참여해 기본계획을 수립했다. 은평 기자촌 임대아파트에서는 4명의 건축가가 협업해 서로 다른 색을 가진 동네 만들기를, 백사마을 주거지 보전사업에 10명의 건축가와 함께 참여해 기존 주거지를 미래 서울 도시주거의 대안으로 만들어보자는 시도에 참여했다.

자연
역사
사람의 풍경을 남기다.

현황

가이드라인

제안

## 한남3구역 재정비촉진지구 마을별 건축계획 기본구상, 2009

한남3구역은 서울의 관문이라고 할 수 있다. 경부고속도로를 빠져나와 한남대교를 건너면서 만나는 풍경이 바로 한남3구역이다. 저층주거지로 덮혀있어 남산을 볼 수 있다. 하지만 이 풍경이 언제 바뀔지 모른다. 여전히 개발과 보전 사이에서 끊임없이 논란이 일어나고 있다.

개인적으로 한남3구역과는 무척 인연이 깊다. 2009년 있었던 현상설계에서 당선되었다. 당시는 개발의 시대라 프로젝트 이름도 '한남 뉴타운 3구역'이었다. 당선되고 얼마 지나지 않아 개발보다는 보전을 우선시하는 시장이 취임하면서 기존 뉴타운 프로젝트들이 백지화되고 새로운 방향을 모색하게 되었다. 명칭도 '한남3구역 재정비촉진지구 마을별 건축계획 기본구상'으로 바꾸고 기본계획을 다시 수립하기 시작했다. 보전을 우선시하는 정책에 걸맞게 하나의 설계사무소가 설계를 맡아 진행하는 방식이 아니고 7명의 공공건축가가 모여서 서로 소통하면서 자연과 역사와 사람을 존중하는 도시를 함께 만드는 방식으로 진행되었다. 참여 건축가는 김광수, 조남호, 류재은, 이민아, 임재용, 정진국, 최문규였다.

7명의 건축가는 '어떤 풍경을 만들 것인가'에 집중했다. 여러 번 토론과 협의를 거쳐 "자연, 역사, 사람의 풍경을 남기다"라는 주제를 정했다. 기존 지형에 자연스럽게 남아 있는 매력적인 경사지 도시, 기존 도시조직을 재현해 장소의 시간성 및 역사성이 담긴 도시, 사람의 다양한 행위를 품을 수 있는 유연한 도시를 만들고자 했다.

주제를 만족시키기 위해서 남길 풍경 세 가지를 정했다.

구릉지의 지형, 골목길의 풍경, 한남대교에서 바라보는 풍경.

현황

기본 구상

구릉지의 지형을 풍경으로 남기기 위해 기존 도로의 위치와 레벨을 최대한 보존하는 전략을 선택했다. 기존 도로의 위치와 레벨이 보존되면 자연스럽게 구릉지의 풍경을 남길 수 있기 때문이다.

골목길의 풍경은 보전하기보다는 기존 골목길의 스케일, 느낌처럼 기존 도시조직을 재현하는 전략을 수립했다. 기존 골목길에서 보존할 만한 건물을 발굴해서 보존하면 옛 기억을 소환할 수 있고 골목길 재현의 촉매제가 될 수 있겠다는 데 의견을 모았다.

한남대교에서 바라보는 풍경은 지금 현재 풍경대로 저층 주거를 유지하되 한광교회를 보존하여 풍경의 인식이 그대로 유지되도록 하기로 했다.

하지만 우리의 이런 노력은 물거품이 되어버렸다. 조합과 건설사는 외국 설계사무소와 협업을 선택했다.

사회적, 환경적으로
지속가능한 도시.

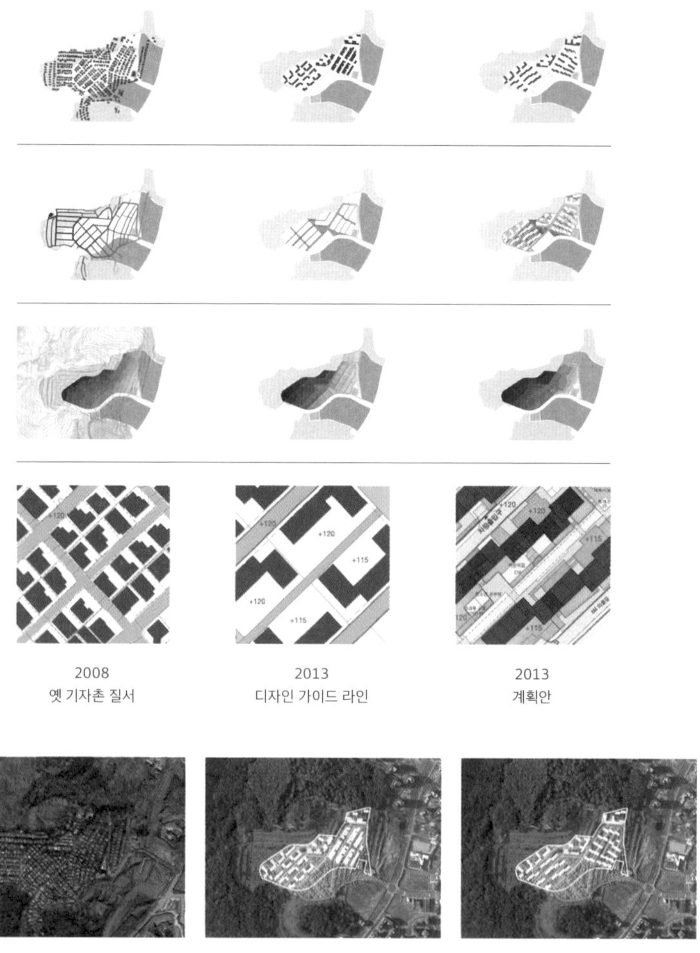


2008
옛 기자촌 질서

2013
디자인 가이드 라인

2013
계획안

## 은평 기자촌 임대아파트, 2013

은평 기자촌은 1969년 북한산 북쪽 기슭에 조성된 기자들의 주택지이다. 주택들은 향과 조망을 최적화하기 위해 간격과 여백을 스스로 조율한 모양새로 소박하게 자리하고 있었다. 현재 주택은 남아 있지 않지만 마을의 기억과 도로는 남아있다.

4명의 건축가는 "사회적 지속 가능성과 환경적 지속 가능성"을 추구하는 마을을 만들 수 있는 디자인 가이드라인을 작성했다. 디자인 가이드라인은 땅의 형태와 도시의 구조를 존중하며 작은 커뮤니티의 가능성을 보여줄 수 있는 밀도로 구성한다는 게 핵심 내용이다.

디자인 가이드라인을 토대로 '누가 어떻게 살 것인가'라는 정주방식에 초점을 두고 전략을 세웠다.

주거지에서 가장 중요한 요소는 사는 사람이니 그들의 삶에 맞는 주거를 제공해야 한다. 건축과 도시는 삶의 배경이 되어야 한다. 이런 생각을 바탕으로 세 가지 공간 구조를 제안했다.

PAD: 지형에 순응하는 공간 구조
PATCH: 작은 규모의 블록
FLOW: 기존 도시구조를 존중하고 생활 가로 중심의 단지를 조정하고 주변과 연결되는 환경적 연계 설정

디자인 가이드라인에서 제안한 가로 구성의 사유를 존중하며, 마을길과 골목길 그리고 정원길과 샛길의 체계를 유지하고 기자촌 시절의 기억이 겹쳐지는 새로운 가로를 제안했다. 가이드라인이 제시하고 있

## 7명의 건축가가 만드는 마을

### 과거의 도시, 기자촌

1969년 북한산 북쪽 기슭에는 기자들의 주택이 점점이 자리한 기자촌이 있었다. 최적의 향과 조망을 위해 적정한 거리두기와 비움을 둔 소박한 스케일의 마을이었다. 현재 주택들은 없지만 마을의 기억과 도로는 남아있다.

### 미래의 주거, 디자인 가이드라인

누가 어떻게 살 것인가? 땅의 형태와 도시의 구조를 존중하며 작은 커뮤니티의 가능성을 보여주는 질서와 밀도의 가이드라인을 제안한다.

### 소통의 주거, 가능성의 마을

마을에 남아있는 과거의 흔적과 지혜를 유지하며 디자인 가이드라인을 존중하는 주거단지를 계획한다. 4명의 건축가는 머리를 맞대고 소통하며 다양한 삶이 가능한 마을을 제안한다.

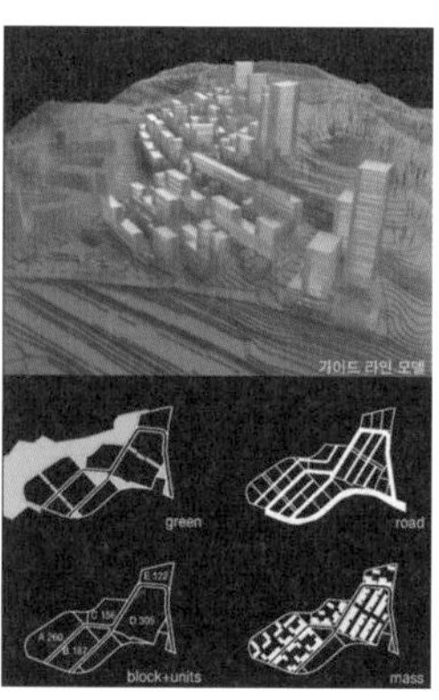

는 큰 마당과 작은 마당의 체계를 유지하여 거주자들의 소규모 커뮤니티 형성을 유도할 수 있게 했다.

각각은 독립적인 조경 계획이 아닌 과거 기자촌의 구조를 존중하고 따르며 주변에 만들어지는 주민공동시설과 주거와 긴밀히 연결되어 소통의 마을이 가능하게 했다.

지형, 터와 길

주거 공동체의 문화가 보존되는 도시.

**프로세스 다이어그램**

## 백사마을 주거지 보전사업, 2019

백사마을은 1960년대 말 도심개발로 청계천 등지에서 이주한 주민들의 정착지로 "근대화 시기를 살아온 서민들의 생활 모습이 고스란히 간직된 삶의 터전"이다. 1970년대 주거문화 생활 모습이 그대로 남아 있다. 서민의 숨결이 살아있는 집과 골목길, 계단길, 작은 마당 등 정감어린 마을 공동체가 존재하므로 사라져가는 주거지 생활사를 서울의 흔적으로 보존할 필요가 있는 곳이다.

2019년 서울시는 백사마을의 임대단지를 백사마을 주거지 보전사업으로 지정하고 10명의 건축가가 힘을 합쳐서 새로운 유형의 주거단지를 만들도록 하였다. 10명의 건축가는 넉넉지 않은 설계비에도 앞으로 만들어질 새로운 유형의 도시를 꿈꾸며 작업을 진행했다.

오랜 주거지의 문화적 가치를 존중하고 지형, 터와 길로 이루어진 땅의 본모습을 보전하는 것을 원칙으로 하되, 변형은 제한적으로 수용하고 최소한의 인위적 조정을 계획적으로 실행함으로써 집과 골목길의 공간적 관계를 지속시키려고 노력했다.

그러나 우리가 지키려던 가치들은 행안부 타당성 조사와 중앙투자심사에서 통과하지 못하고 백지화되고 말았다.

지역사회와 공존하기 위한 작은 노력들이

모여서 풍요로운 도시 풍경을 만든다.

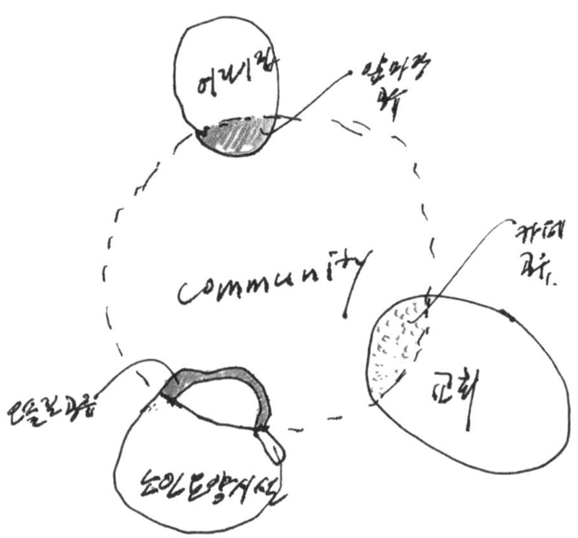

## 지역사회와 공존하기

"좋은 경치란 마을에 사는 사람들의 삶과 생활이 쌓여 형성되는 것이기 때문에 풍경을 디자인하기 위해서는 생활부터 접근해야 한다."

일본의 커뮤니티 디자이너 야마자키 료(山崎亮)의 《커뮤니티 디자인》(민경욱 옮김, 안그라픽스, 2012)에 나오는 말이다. 지역 커뮤니티와 공존하는 풍경을 만들기 위해서는 커뮤니티 디자인, 공공 건축가 및 동네 건축가 제도 등 공공성 실천을 위한 새로운 패러다임이 필요하다.

동네에서 흔히 접할 수 있는 유형으로 교회, 장애인 및 노인 요양시설, 어린이집 등이 있다. 이들은 지역 커뮤니티 활성화에 매우 유용한 시설임에도 그 능력을 제대로 발휘하지 못하고 있다. 건축 설계 단계에서부터 지역 커뮤니티와 연계를 고려하지 못한 채 다소 배타적인 유형으로 자리 잡아가고 있다.

한국에서 설계사무실을 시작하고 초기에는 비교적 많은 교회 프로젝트를 수행했는데 건축물 자체의 프로그램에만 집중하고 시야를 지역사회로 확장하지 못했다. 최근에서야 지역사회와 공존을 모색하는 방향으로 시선을 확장하기 시작했다.

다소 폐쇄적일 수밖에 없는 노인요양시설의 일부를 주변 공원 산책로와 공유하는가 하면 어린이집의 전면부를 캔틸레버 구조로 덮인 공간으로 만들어 공공에 내어놓았다. 이 캔틸레버 공간은 학부모와 주민들의 소통 공간이 되었다. 이처럼 공공성의 풍경을 위한 작은 노력이 모여서 풍요로운 도시 풍경이 만들어진다.

이제
교회는 지역사회를 섬길 때다.

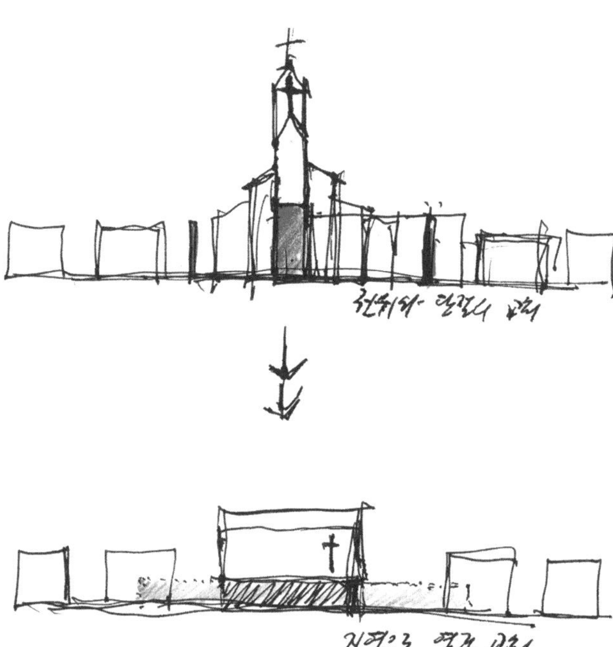

## 지역사회로 열린 교회

교회는 나한테는 가장 친숙한 공간 중 하나이다. 불가피한 경우가 아니고는 일요일 예배에 빠진 일이 거의 없다. 독실한 기독교인인 부모님의 영향으로 어릴 때부터 지금까지 열심히 신앙생활을 하고 있으니 어떻게 보면 지난 60년간의 교회, 특히 개신교의 발자취의 증인이라고도 할 수 있다.

1998년부터 17개의 교회 작업을 했다. 그리고 2011년 왕십리중앙교회를 마지막으로 교회 설계를 중단했다. 당시 교회는 교인들의 예배, 교육 및 친교를 담당하기에도 벅찼고 지역사회에 눈을 돌리기가 어려운 상황이긴 했던 것 같다. 그럼에도 교회 건축이 지역사회로 열리고 더 나아가서 지역사회를 선도하는 새로운 유형의 공공시설로 거듭나야 한다고 생각했는데 당시에는 새로운 교회로 방향을 바꿀 가능성이 희박할 것 같다는 판단을 했던 것 같다.

1986년 처음 인연을 맺은 연동교회와는 지금까지 작업을 이어오고 있다. 이 작업을 하면서 한국 교회가 지역사회로 열린 교회가 되려고 부단히 노력하는 모습을 목격할 수 있었다. 최근에 작업한 온누리교회나 남서울교회에서는 지역사회로 열린 교회 유형을 만드는데 집중했다. 혜명교회 지하 1층과 로비 리모델링 작업은 작지만 지역사회로 열린 교회가 어떻게 구현되었는지 볼 수 있는 중요한 프로젝트이다.

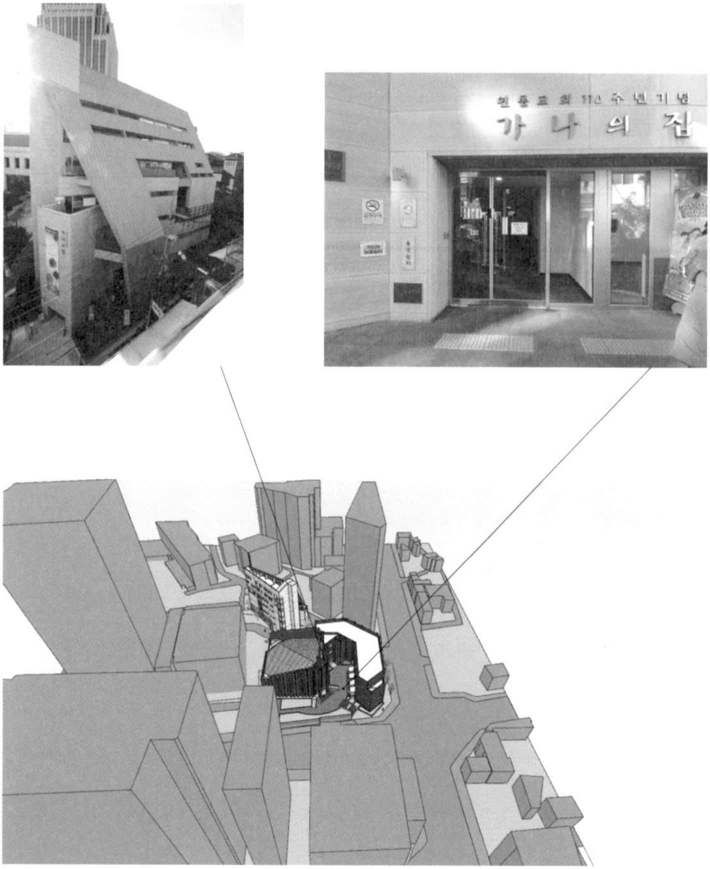

### 140년 개신교 역사의 산증인 연동교회

교회 건축과 처음 인연을 맺은 것은 외할아버지께서 목사님으로 계셨던 연동교회의 프로젝트들을 진행하면서부터였다. 이 인연은 지금까지 이어지고 있다. 1998년 연동교회 강화수련관을 시작으로 2004년 연동교회 교육관 가나의 집 신축, 2014년 본당 및 교육사회관 리모델링, 2021년 가나의 집 증축, 현재는 본당 내부 리모델링 프로젝트를 진행하고 있다. 지난 28년간의 연동교회의 변화의 궤적을 보면 시대의 흐름에 반응하려는 한국 교회의 역사가 보이는 듯하다. 교회 앞 도로가 확장되면서 교회 마당이 좁아진 것처럼 연동교회에서는 도시 변화의 흔적도 확인할 수 있다.

1894년 종로구 연지동 연못골에서 출발한 연동교회는 조금 있으면 130년을 맞이하는 유서 깊은 교회이지만 주변에 아파트 하나 없는 구도심인 종로 5가에 있어 새로운 교인들의 유입에 한계가 있는 상황이다. 연동교회는 최근 도심지 교회로서의 정체성을 새롭게 확립하려는 시도를 하고 있다.

정체성 확립의 키워드는 '지역사회로 열린 교회'이다. 수요일 정오에 주변 직장인들을 위한 예배를 열고 교회 식당이나 카페를 주변 이웃들에게 열 수 있는 공간 마련을 위해 리모델링 작업을 했다. 교육관 1층에는 국공립 유치원을 유치하였다.

교회의 이러한 노력이 지역사회와 공존하려는 바람직한 교회의 모습 아닐까.

다양하게 활용할 수 있는 1층 로비 공간

### 대학로 중심의 혜명교회

2024년 2월 초 대학로에 모임이 있어서 갔다가 2004년 완공한 혜명교회에 가보았다. 혜명교회는 대지 100평에 연면적 250평의 작은 교회이지만 대학로의 중심에 있는 독특한 성격의 교회이다. 20년 전부터 계셨던 사찰집사님께서 반갑게 반겨주셨다. 나는 외부와 내부까지 찬찬히 둘러보았다. 20년 전 지었음에도 관리가 잘 되어 있어 뿌듯했다.

그로부터 1주일 후 혜명교회에서 연락이 왔다. 70주년을 맞이하여 교회 1층과 지하층을 리모델링하고 싶다고. 흥분된 마음으로 관계자들을 만났다. 지하의 예배실은 주중에 작은 연극을 할 수 있는 공간으로 꾸미고, 1층 로비 공간에는 간이 카페를 설치하여 교인의 친교공간으로 쓰고 평일에는 젊은이들이 다양한 팝업 공간으로 쓸 수 있도록 바꾸고 싶다고 했다. 이 두 공간의 작은 변화만으로도 혜명교회는 지역사회로 열린 작지만 강한 교회가 될 것이라고 확신한다.

부임하신 지 3년 정도 되신 목사님은 지역사회로 열린 교회에 대한 엄청난 비전을 말씀하셨다. 앞으로 교회가 부흥하면 일요일 예배는 주변의 공연장을 빌려서 보고 지금의 교회 건물은 일종의 베이스캠프가 될 것이라는 목사님의 원대한 구상이 엄청난 감동으로 다가왔고 미래도시의 한 단면처럼 다가왔다.

### 지역사회로 활짝 열린 온누리교회 남양주 캠퍼스

한동안 식었던 교회 설계에 대한 관심이 2020년 온누리교회 남양주 캠퍼스를 설계하면서 되살아났다. 온누리교회의 리더십이 지금까지의 교회의 패러다임을 바꾸어서 지역사회로 열리고 공존하는 교회를 만들자고 제안해 주었다.

프로젝트를 진행하면서 세 가지 전략을 세웠다. 전략은 당연히 지역사회로 열린 교회를 만들기 위한 것이다. 첫째, 종탑처럼 교회의 이미지를 부각하는 요소는 과감히 없애고 친근한 이미지의 교회를 만든다. 둘째, 교회의 외부 및 내부 공간을 지역사회에 개방하여 교회와 주변의 경계를 허문다. 마지막으로 교회의 중요한 기능인 식당을 과감히 없애 교인들이 주변 식당을 이용하게 유도함으로써 지역 경제와 상생하도록 한다.

대지는 비교적 밀도가 높은 남양주 신도시의 종교 부지이다. 지구단위계획상 건폐율 50%, 용적율 230%이고 5층 이하, 최고 높이 30m 이하로 되어 있어 외형은 거의 건폐율 50%의 건축면적에 5층짜리 박스 건물이 될 수밖에 없다. 최고 높이가 30m로 5층을 채우고도 5m 여유가 있어 엘리베이터가 올라가는 루프가든을 만들어서 성도들이 교제할 수 있는 공간으로 만들면서 단조로울 수밖에 없는 입면을 깨는 요소로 썼다. 대로변 쪽에 노출된 경사 계단은 피난계단이면서 교인들이 교제하거나 주일학교의 분반공부 공간으로 활용할 수 있게 했다. 이 계단은 생동감 넘치는 교회의 이미지를 만드는 중요한 역할을 한다.

대로변의 공개공지는 지역 주민들이 이동하다가 편하게 앉아서 쉬었다 갈 수 있도록 조경시설을 마련하였다. 물론 일요일에는 교인들

변호사 김준석
법무사 김명조

도 사용하겠지만 평일에는 지역 주민들이 쉬어가고 담소할 수 있는 공간이 되기를 기대한다.

교회와 지역사회와 공존하는 문제에서 가장 쟁점이 되었던 것은 식당 및 카페의 운영 문제이다. 교회 바로 옆에 꽤 큰 상가 건물이 있고 4층 규모의 상가주택으로 둘러싸여 있어 주변에 카페와 식당이 많은 편이다. 전통적으로 교회는 어려운 시절에 교인들의 식사를 책임지던 관행이 있어서 식당을 없애는 것은 상당한 결단이 필요하다. 여전히 많은 교인들이 교회에서 식사하기를 원하기 때문이다. 온누리교회 리더십은 일요일 예배를 마치고 식사를 하면서 교제하는 것을 주변 식당으로 옮겨서 하면 지역 경제를 활성화하고 서로 상생할 수 있는 방법이라고 판단하고 과감하게 식당을 빼기로 결정하였다. 교회 설계를 시작한 이후 처음으로 식당 없는 교회를 완성하게 되었다.

온누리교회 남양주캠퍼스는 크지 않은 교회이지만 일반적인 교회의 이미지를 깨고 내·외부 공간을 지역사회와 공유하고 식당을 포기하는 결단으로 지역 경제와 상생하는 지역사회로 열린 교회의 새로운 유형이다. 이러한 유형의 도심지 교회가 많이 탄생했으면 하는 바람이다.

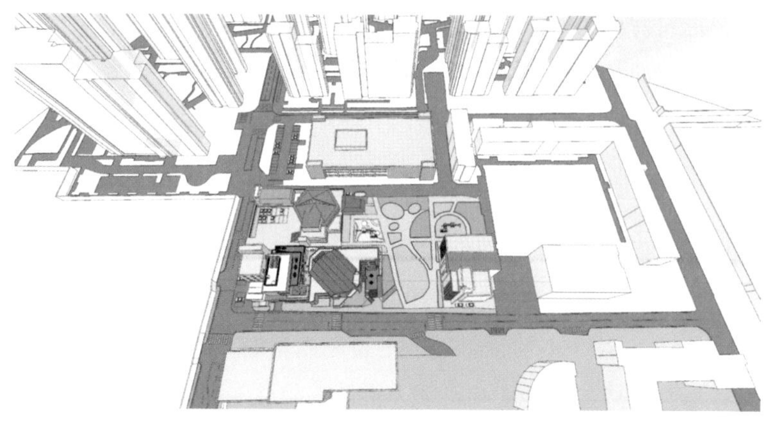

### 남서울교회 교육관

남서울교회는 올해로 40주년을 맞는 유서 깊은 교회이다. 교회는 요사이 재건축되는 고급 아파트 단지가 하나둘씩 완성되어가는 반포 지구의 중심에 있다. 본당 건물은 파랑새 공원 옆에 위치하고 그동안 교육관 건물이 없어 인근 신반포 상가를 임대해서 교육관으로 사용해왔다. 그러나 신반포 상가가 속해 있는 아파트 단지가 재건축되면서 상가도 재건축되도록 결정되어 교육관 신축을 추진하게 되었다. 남서울교회가 소유하고 있던 교육관 부지를 본당 바로 옆에 있는 우체국과 맞교환하여 본당 옆에 교육관 부지를 확보하고 설계를 진행하였다.

남서울교회 교육관은 프로그램으로 보면 기존 본당 건물에 교육관을 신축하고 부분적으로 본당과 연결하는 프로젝트이다. 남서울교회는 대지 면적 200평밖에 되지 않는 작은 규모이지만 도시적으로 공공성의 풍경을 이어가려는 상당히 의미 있는 프로젝트이다. 파랑새 어린이공원에 접해 있지만 담장으로 막혀 있었는데 교육관을 신축하면서 이 단절을 허물 수 있는 시도를 했다. 본당의 서쪽에 교육관을 신축하면서 본당과 교육관에 사이 마당을 두었다. 이 사이 마당으로 남쪽의 도로와 파랑새 공원을 잇는 시도를 하였다. 개인 소유의 사이 마당으로 도로와 공원을 이음으로써 공공성의 풍경을 회복하고 잇는 시도를 한 것이다. 1층의 카페와 교육관의 기능들도 과감하게 지역사회에 열어서 교회가 지역사회의 중심이 되도록 하였다.

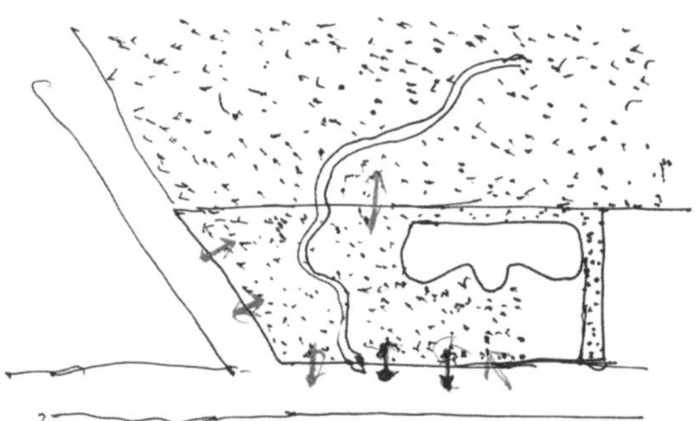

지역사회로 열린교회. 공원 같은 교회.

### 공원 같은 온누리교회 수원 캠퍼스

온누리교회 수원 캠퍼스는 대지가 자연녹지지역에 있어 건폐율이 20%이다. 지상에 대지의 20%만 건물을 지을 수 있고 나머지 80%는 비워야 한다는 뜻이다. 지금은 현재 과거 연구소 건물을 리모델링해서 교회로 사용하고 있고 나머지 80%의 땅은 주차장 등으로 활용하고 있다. 신축되는 수원 캠퍼스는 이 80%의 땅을 활용해 공원 같은 교회를 만들기로 하였다. 주중에 지역 주민 누구라도 편안하게 산책을 즐길 수 있는 놀이터는 아이들이 뛰어노는 공원이 될 것이다. 교회가 신축되지만 지역 주민들은 꽤 넓은 공원을 얻는 셈이다. 교회가 지역사회로 열리고 공존하는 새로운 유형의 방식이다.

보통 교인들이 예배를 드리는 1300석의 예배 공간은 공연도 가능한 공연장으로 설계해 평일에는 공연 및 행사가 열릴 수 있도록 개방할 예정이다. 공원에 면한 1층의 키즈카페는 주중에 아이가 있는 지역의 주부들에게 개방해 커뮤니티의 중심 공간이 되도록 했다. 1층의 중예배실도 주중에 주민들이 간단히 운동과 결혼식 할 수 있는 다목적 공간으로 활용할 수 있게 설계했다. 이러한 다양한 공간을 공유함으로써 온누리교회 수원 캠퍼스는 지역사회로 활짝 열린 교회가 될 것이고 공공성의 풍경을 이어가는 교회가 될 것이다.

ⓒ남궁선

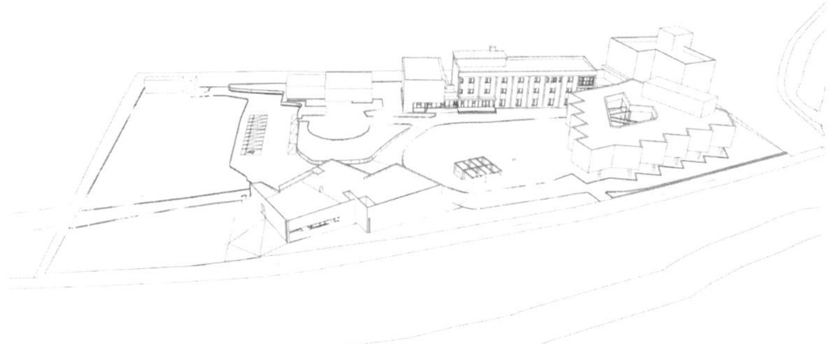

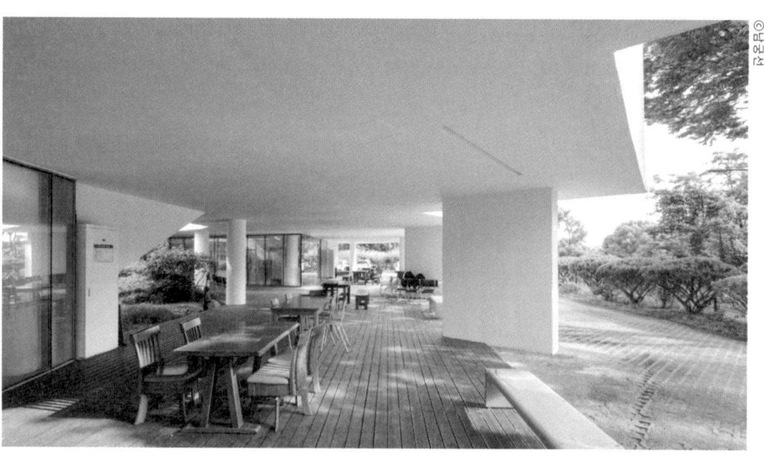

ⓒ남궁선

## 노인요양시설 다정마을, 2009

2023년 65세 이상 노인 인구는 950만 명으로 전체 인구의 18.4%이다. 2025년에는 노인인구가 1,000만 명을 넘어서고 비율도 20.6%가 되어서 국제 기준상 초고령 사회가 된다. 나도 어머님을 요양센터에 모시고 있는데 요사이 건축가로서 여러 가지 생각이 많다.

노인복지시설과 인연을 맺은 것은 2007년 경산복지재단과 만남이다. 경산복지재단은 정신건강복지사업에 주력하던 재단법인으로 2000년대 후반부터 노인복지시설에 관심을 두기 시작했다. 2007년 사랑밭재활원 증축 및 리모델링 프로젝트를 진행하고, 2009년 노인요양원 다정마을을 완공하였다. 당시는 나도 젊었고 부모님도 한창 활동하셨기에 노인 요양원을 설계하면서 시설의 중요성이 가슴에 와닿지는 않았던 것 같다. 지금 다시 요양시설을 설계할 기회가 온다면 좀 더 열심히 하지 않을까 생각한다.

2023년에 완공된 화성시립 장지하나어린이집 현장을 가면서 다정마을을 들러봤다. 다분히 건축적 아이디어로 만든 공간이지만 몇 가지 아이디어는 지금도 충분히 적용할 만하다. 첫째, 중정을 중심으로 구성된 평면이라 자연이 중심에 있어서 좋았다. 두 번째로 다양한 외부공간이다. 마지막으로 수직적으로 분리된 기능이다. 1층에는 사무실, 회의실, 요양보호사실, 면회실, 물리치료실, 자원봉사자실, 식당과 같은 공용 공간들이 있고 2층에 침실이 있는 구조라 노인의 사생활이 충분히 보장된다.

다정마을도 벌써 15년 전에 설계한 것이니 지금 시대에 맞는 노인복지시설의 새로운 유형을 제시할 때가 된 것 같다.

©노경

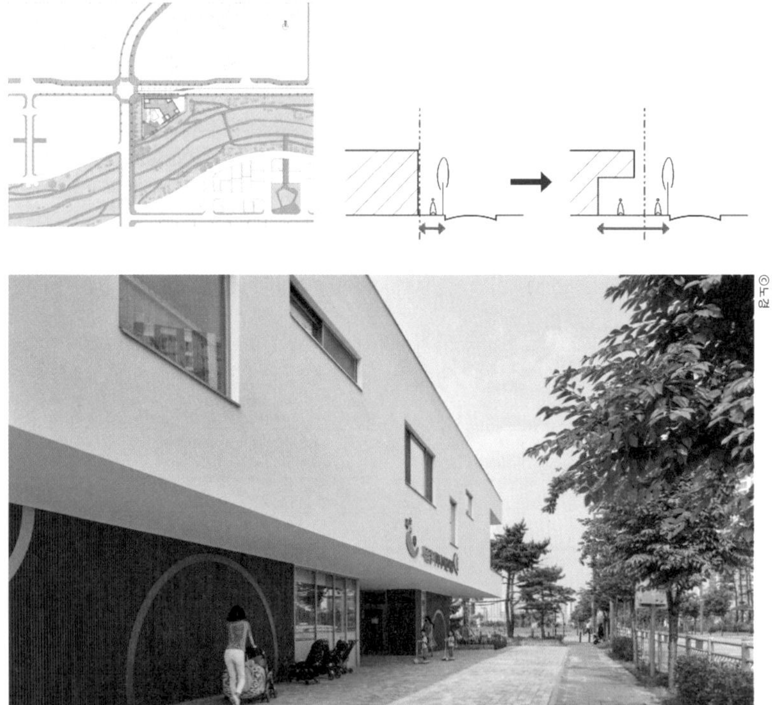

©노경

## 이웃과 마당을 공유하는 어린이집, 2023

시립 장지하나어린이집은 2024 한국건축문화대상 공공부문 대상을 수상했다. "어린이의 눈높이에 맞춘 아늑하고 개방적인 공간 구성으로 아이들이 첫 공동체 생활에 잘 적응할 수 있게 배려하는 등 어린이집의 새로운 설계 방향을 제시했다"는 호평을 받았다.

하나금융그룹의 보육지원사업에 선정된 화성시에서 시 예산을 더해 장지동에 180명 규모로 지은 어린이집이다. 어린이집 규모로는 꽤 큰 편인데 화성시 최대 규모 시립 어린이집이다.

시립 장지하나어린이집은 아이들이 편하게 뛰어놀 수 있는 집, 어린이집 이용자뿐만 아니라 이웃 주민도 편하게 오갈 수 있는 어린이집을 만들겠다는 목표로 작업했다. 대부분의 어린이집은 어린이 보호를 명목으로 이용자 이외에 외부인은 접근이 어려운데 시립 장지하나어린이집을 통해 이렇게 단절하지 않아도 된다는 사례를 제시하고 싶었다.

마침 대지도 장지천변을 따라 형성된 공원 옆이어서 공원 이용자들도 앉아서 잠깐 쉬어갈 수 있는 공간이 될 수 있게 했다. 건물의 높낮이를 공원의 경사에 맞추어 구성해 공원의 일부인 것처럼 하고 1층을 필로티로 계획해 누구나 이용할 수 있는 앞마당을 마련했다.

앞마당 이외에도 곳곳에 여러 형태의 마당을 두었는데 이곳은 어린이집 이용자를 위한 마당으로 이곳에서 아이들은 어느 누구의 방해를 받지 않고 마음껏 뛰어놀 수 있다. 0살에서 5살까지 이용하는 어린이집은 또래 아이들이 집 이외에 가장 많은 시간을 보내는 공간이다. 이곳을 이용하는 어린이는 대부분 인접한 아파트 단지에 거주하는

ⓒ노경

ⓒ노경

데 뛰어놀 만한 공간이 마땅하지 않다. 층간 소음으로 집안에서는 물론 어린이 놀이터에서조차 편하게 놀 수가 없다. 아이들이 웃고 떠드는 소리가 시끄럽다며 아파트 단지 안 어린이 놀이터를 없애자는 주장이 나오고 있으니 말이다. 어린이집에서라도 편하게 웃고 떠들며 뛰어놀 수 있는 공간을 마련해줘야겠다고 생각했다.

창 또한 어린이의 눈높이에 맞춰 계획했다. 다양한 높이와 모양의 창을 설치해 아이들이 높낮이에 따라 다른 풍경을 보고, 시간에 따른 그림자의 변화를 자연스럽게 익힐 수 있게 했다. 보육실로 빛을 들이고 아이들이 하늘을 볼 수 있는 천창도 설치했다. 천창은 공기 순환에도 효과가 있다.

삶의 다양한 풍경들이 열려야 한다.

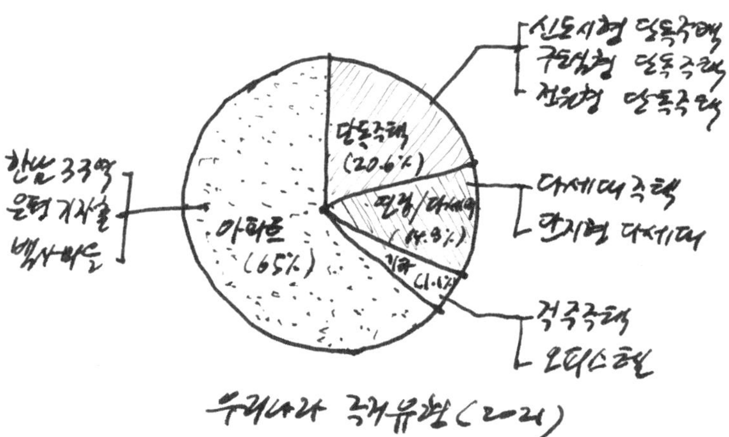


우리나라 주거유형(2021)

# 열린 거주 풍경

거주 풍경은 우리의 일상과 가장 밀착되어 있어 중요하다. 우리 사회가 급변하듯이 우리의 거주 풍경도 급변하고 있다.

2021년 인구주택 총조사에 의하면 우리나라 국민의 20.6%가 단독주택에, 14.8%가 연립주택이나 다세대주택에, 63.5%가 아파트에, 나머지 1.1%가 비주거형 주거에 살고 있다.

우리나라는 주거시설과 관련하여 세 가지 특징이 있다. 첫째로 국민의 80%가 단독주택이 아닌 공동주택(아파트, 연립주택과 다세대주택 포함)에 살고 있고 주거난 해소라는 명목으로 우리나라에만 존재하는 독특한 주거유형들이 존재한다. 둘째는 급속한 1인 가구의 증가이다. 2021년 현재 국민의 33.4%가 1인 가구인데 전 국민의 50% 이상이 1인 가구가 될 날도 멀지 않았다고 한다. 다양한 연령대와 계층의 1인 가구를 위한 주거유형을 개발해야 한다. 마지막은 현재 8%에 머물러 있는 공공임대주택의 심각한 부족이다. 무주택 서민을 위한 임대주택의 확충과 다양한 임대주택의 주거유형 개발이 시급하다.

우리나라 주거유형의 변천사를 살펴보기 위해 아파트에 사는 국민의 비율을 연도별로 살펴보면 흥미롭다.

| 연도(년) | 1980 | 1990 | 2000 | 2010 | 2021 |
|---|---|---|---|---|---|
| 비율(%) | 4.41 | 14.94 | 40.01 | 52.17 | 63.5 |

©노경

©김종오

©박영채

©남궁선

지금은 믿기 어렵지만 1990년대까지 우리 국민의 대부분인 85.06%가 단독주택에서 살았다. 1989년 주택 200만 호 공급을 목표로 시작된 1기 신도시가 1997년 완공되면서 아파트 위주의 주거 패턴으로 바뀌게 되었다. 그리고 2021년 현재 국민의 63.5%가 아파트에 거주한다. 아파트가 대표적인 주거유형으로 자리 잡았으나 '지금의 아파트가 함께 누릴 수 도시 공간인가?'하는 질문을 해보진 않았다. 이제는 이 질문에 답하고 새로운 해법을 찾아야 할 시점이다.

아파트의 대량 공급으로도 주택난이 해소되지 않자 해결책으로 우리나라에만 존재하는 독특한 주거유형들이 탄생하게 된다.

1985년 선보인 오피스텔. 오피스텔은 오피스와 호텔을 합성한 말인데 1995년 오피스텔의 바닥난방을 허용하면서 현재 아파트, 단독주택, 다가구주택 다음으로 비중 높은 주거유형으로 자리매김하게 되었다.

1984년 도심 자투리땅의 활용을 극대화하고 주택난을 해결하기 위해 제도화된 다세대주택의 등장도 흥미롭다. 1990년 저소득 세입자의 주거 안정을 도모하고 주택공급을 늘리기 위하여 새로운 주거유형으로 제도화된 다가구 주택은 우리 도시풍경을 만드는 중요한 주거유형으로 자리 잡고 있다.

2009년에 도입된 도시형생활주택은 300세대 미만의 소형 평형대의 주택 단지를 아파트보다 손쉽게 지어 주택공급을 늘리려는 정책의 일환으로 탄생하였다. 도시형생활주택에는 단지형 연립주택, 단지형 다세대주택, 원룸형이 있다.

단독주택은 아직도 우리 국민의 20.6%가 거주하는 중요한 주거유형이다. 이외에도 주거와 일터가 한 건물에 있는 직주주택은 새로운

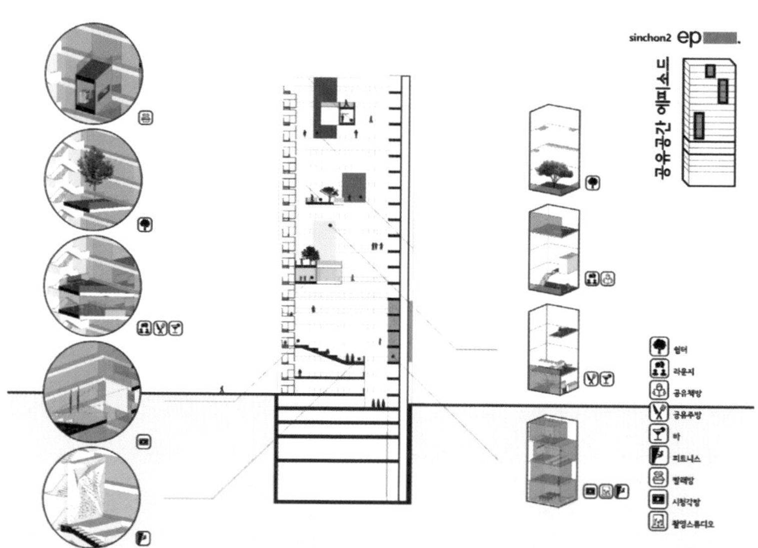


열린 거주 풍경의 새로운 유형: 역세권 청년주택

주거유형이다. 마지막으로 우리 국민의 2.1%가 주택 이외의 거처에 살고 있는데 고시원 및 고시텔이 여기에 해당한다.

### 다양한 주거 유형 실험

우리나라는 인구의 80%가 공동주택에 살고 있고 현재 인구의 33.4%가 1인 가구이며 무주택 서민을 위한 공공임대주택의 비율이 8%에 지나지 않는다.

공동주택, 청년주택, 공공임대주택의 다양한 유형 실험이 절실한 상황이다.

단독주택의 중심은 마당이다.

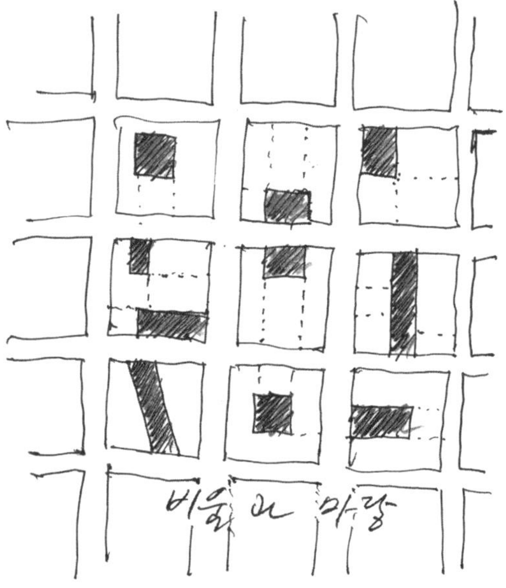

# 비움과 마당

1996년 1월 미국에서 돌아와 OCA(Office of Contemporary Architecture)를 열고 진행한 첫 프로젝트는 단독주택이었다. 27년이 지난 지금까지 OCA에서 진행한 11채의 단독주택만 모아놓아도 우리나라 단독주택의 흐름을 읽을 수 있지 않을까 생각한다. 첫 주택의 대지는 일산 단독주택지구였다. 이후에도 4건의 주택 작업을 진행해 일산신도시에서만 5건의 주택 작업을 진행했다.

1988년 집값 폭등으로 다급해진 정부는 중동, 평촌, 산본 신도시 계획을 발표한다. 그리고 다음 해 분당과 일산 신도시 계획을 추가 발표한다. 일산과 분당 신도시에는 다른 신도시에는 없는 특별지역을 두었는데 단독주택만 지을 수 있는 1종 전용주거지역이다. 단독주택만 지을 수 있다곤 하지만 일산의 단독주택지구는 각종 법규와 지구관리계획 같은 규제로 인해 사생활이 보호받을 수 없는 구조이다. 분할된 택지의 크기, 도로 및 녹지 체계, 보행자 전용도로 등의 위치는 사람들의 삶의 질을 결정하는 중요한 요소이다(대개 대지의 한쪽은 차로에 면하고 다른 한쪽은 보행자 전용도로에 접한다). 잘못된 도시계획은 공공성도 보장하지 못할 뿐만 아니라 거주자가 사생활을 영위할 권리마저 빼앗아버린다.

이런 상황에서 거주지의 사생활을 최대한 보장하면서도 주변과 소통할 수 있는 장치가 필요했는데 그 장치로 '비움'을 택했다. 비우고 마당을 만들었다. 대문을 달지 못하고 담장도 높일 수 없는 상황에서 마당은 다른 이의 시선에서 벗어나 나만의 안식처가 필요한 거주자

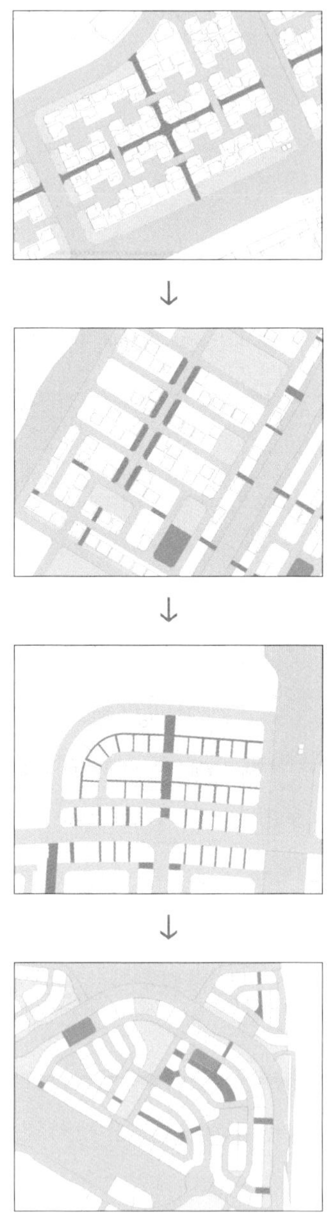

신도시의 주거전용지역 필지분할 변천 과정

에게 가족 이외 누구의 시선도 신경 쓰지 않고 쉴 수 있는 작은 공간이 되어 준다. 일산 신도시에는 개별 주택을 위한 도시의 비움 전략이란 게 없다. 건축가가 건축주의 요구를 반영해 적절히 비워내고 가려야 한다.

일산 신도시 초기에는 마당이 보행자 전용도로나 차도에 그대로 노출되는 앞마당을 가진 목조 전원주택이 주로 지어졌다. 마당이 도로에 그대로 노출되니 실내공간의 사생활은 전혀 보호받지 못한다. 결국 종일 커튼을 닫고 생활할 수밖에 없다. 이를 보완하기 위한 전략으로 중정을 도입한 주택이 지어지게 된다. 사생활을 보호한다는 명목으로 지어진 집은 완전 폐쇄형 중정주택이 되었다. 최근 신도시에 지어지는 대부분 단독주택이 중정주택 유형이다. 중정주택 유형은 사생활 보호라는 면에서는 최선의 선택이 될 수 있지만 도시의 풍경 측면에서는 '잘 지어진 교도소 담벼락'처럼 보인다.

OCA에서 작업한 첫 번째 주택인 일산주택 1(1998)의 마당이 폐쇄적이라면 다음 해에 지어진 일산주택 3(1999)에는 외부로 열린 마당과 외부와 완전히 차단된 폐쇄적 마당이 공존한다.

1980년 말 급조된 신도시의 전용주거단지는 뜬금없이 담장 없는 도시를 표방하여 폐쇄형 중정주택을 양산하게 되고 폐쇄적 도시풍경을 만들게 되었다. 이러한 도시계획 관행이 일산, 영종, 판교까지 반복되다 다행히 김포 한강 신도시에서 조금씩 깨지기 시작하였다. 단지 중간중간에 다양한 소공원이 생겨서 기존 신도시의 6m 폭의 획일적인 보행자도로와는 확실히 다른 도시풍경을 만들 수 있는 가능성이 생겼다. 그리하여 김포 운양동 주택이 탄생하게 되었다.

ⓒ김용관

## 일산주택 1, 1998

마당을 중심으로 모든 동선이 연결되고 공간의 흐름이 수평적으로 이어지는 집이다. 마당이 있으면 좋겠다는 건축주의 요구도 있었지만 대지를 처음 봤을 때부터 내부 지향적인 집으로 설계해야겠다고 생각했다.

대지는 보행자 전용도로가 직각으로 교차하는 모서리 땅이다. 남쪽은 이미 지어진 집에 막혀 있고 보행자 전용도로 쪽에서는 사생활을 보호받을 수 없다. 건축주는 가능하면 많은 방이 남향하고 마당이 있으면 좋겠다고 했다. 이 요구에 따라 건물을 북쪽과 동쪽으로 최대한 붙이고 집의 구심점으로 모든 동선이 연결되는 마당을 두었다.

마당에 면한 거실과 식당, 계단실 부분은 유리로 마감해 마당을 실내로 끌어들일 수 있게 했다. 거실과 식당 부분은 유리 벽으로 마감하고 계단실에는 일정 간격의 수직 루버를 설치해 빛에 따라 다른 분위기를 자아낼 수 있게 했다. 2층 테라스에는 적삼목 트렐리스를 설치했는데 이는 사각뿔이 잘린 듯한 모양의 거실 천창 구조물에 의하여 지지된다.

©김태오

## 일산주택 3, 1999

일산주택 1과 같은 블록에 지은 또 하나의 집이다. 대지의 향만 바뀌었지 크기와 모양뿐만 아니라 주차장에서 진입 등의 모든 조건이 주택 1과 똑같다. 대지의 남쪽과 동쪽 면은 이미 완공된 집에 의해 거의 막혀있고 남동쪽 방향의 공용주차장 쪽으로 시야가 틔어 있고 북서쪽으로 정발산이 약간 보인다.

일산주택 1의 건축주는 사생활을 보장받을 수 있는 폐쇄적인 마당을 원했지만 이 집의 건축주는 외부로 어느 정도 열려 있으면서 사생활도 보장받을 수 있는 중간적 성격의 마당을 원했다. 그래서 두 개의 마당을 만들었다. 보행자의 직접적인 시선을 차단하는 벽으로 둘러싼 앞마당과 공용주차장에 면해 있어 외부 시선이 어느 정도 차단되는 안마당.

현관으로 이어지는 앞마당은 가족실의 지하 마당과 연결되어 거실과 가족실 공간을 외부로 확장시키는 중성적 성격의 마당이다. 외부 시선이 비교적 덜 닿는 안마당은 가족과 찾아온 손님들의 외부 생활을 담을 수 있는 공간이다.

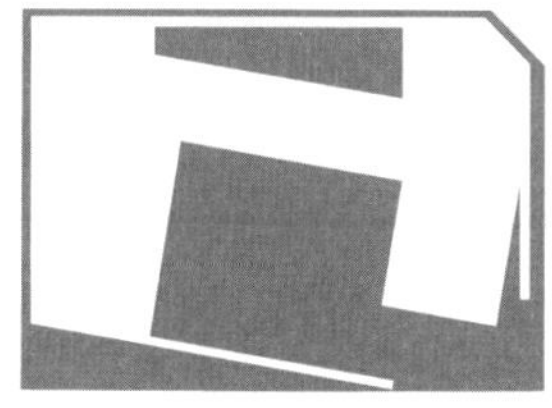

©김종오

## 일산주택 2, 2000

정발산이 마치 앞마당처럼 느껴져 이 땅을 선택했다는 건축주는 "내 마당은 정발산"이라며 정발산 공원 쪽이 완전히 열려 있는 집을 원했다. 정발산 공원 쪽에 완전히 열린 앞마당을 두었다. 외부와는 어느 정도 차단되어 가족만 공유할 수 있는 외부공간도 있어야 하기에 폐쇄적인 지하마당도 계획했다. 개방성과 폐쇄성, 대조적인 두 개의 마당을 이 집의 구심점으로 삼았다.

앞마당은 집과 정발산을 이어주는 매개 공간의 역할을 한다. 반면 음악감상실, 서재, 침실처럼 사적인 공간은 폐쇄적인 지하마당으로 둘러쌌다. 지하마당은 수직으로 2층까지 연장되며 이 공간을 통해 주택 내부의 동선이 이어져서 외부공간이지만 동시에 주택의 핵심 공간이 된다. 지하공간은 기능적으로 전통주택의 사랑채 역할을 한다.

경계의 틈은 마당을 열면서
사생활을 보호하는 전략적 장치이다.

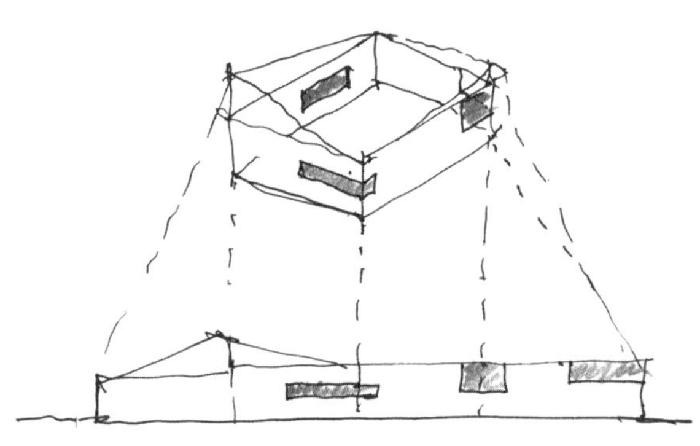

공공성을 위한 경계의 틈

## 경계의 틀

인접 대지와 도로로 둘러싸인 1기, 2기 신도시의 획일적 주거단지 계획은 옆집과 도로의 시선으로부터 사생활을 보호한다는 명목으로 폐쇄적인 마당의 집을 양산하게 한다. 어느 신문 기사의 제목처럼 "요새화된 중정형 주택"이다. 신도시 단독주택 지구에서는 요새화된 중정형 주택이 주된 풍경이 되어버렸다.

OCA는 '어떻게 비워낼까'라는 비움의 전략과 함께 '경계의 틀 만들기' 전략으로 열림과 막힘을 조정, 사생활을 보호하면서 동네와 소통할 수 있는 주택을 지었다. 경계의 틀 만들기는 프레임과 벽, 재료를 통해 논리를 더욱 명료하게 해준다.

일산주택 4에서는 주변과의 관계 설정을 위해 대지의 중앙을 비워내고 경계의 틀을 도입했다. 이 집에서 경계의 틀은 내부와 외부 소통의 매개 장치 역할을 한다. 기존 목조주택을 헐고 신축한 첫 번째 집인 일산주택 5가 대지의 중앙을 비워내고 경계의 틀을 형성했다면 일산 신도시와 크게 다를 것 없는 또 다른 신도시 영종 신도시 주택에서는 중앙이 아닌 모퉁이를 비워내면서 경계의 틀을 그대로 남겨두었다.

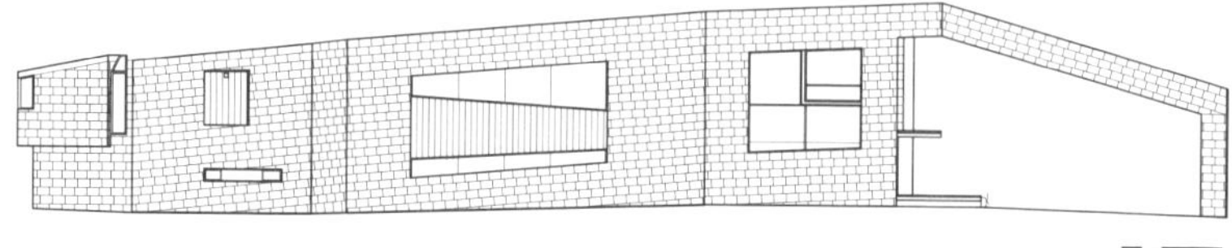

ⓒ박영채

ⓒ박영채

ⓒ박영채

## 일산주택 4, 2003

동서남북 사방이 완전히 열려 있는 땅이지만 제각각의 조건으로 열린 땅은 서로 다른 관계 설정이 필요하다. 이 집에서 주변과의 관계를 설정하는 장치는 '경계의 틀'이다.

대지 서쪽의 반 정도만 인접 대지에 접할 뿐 서쪽의 나머지 반은 공용주차장에 접하고, 남쪽은 12m 차도에, 북쪽과 동쪽은 보행자 전용도로에 접해서 사방이 완전히 열려 있는 땅이다. 밖에서 볼 때 사면은 각각의 모습으로 주변과 관계를 설정한다. 차량 통행 및 보행자가 많은 남쪽과 북쪽은 거의 막힌 벽의 성격이고, 동쪽은 사이 마당을 매개 공간으로 두고 보행자의 눈높이 위에서 열린 프레임 형태이다. 서쪽은 마당을 한정하면서 거의 열린 프레임의 형태를 취하고 있다. 경계의 틀은 안에서 밖을 보는 프레임 역할도 한다.

경계의 틀은 외부와 내부의 소통 매개 장치로, 남쪽 끝에서 점차 상승하여 북쪽 끝에서 하강하며 남쪽 끝에서 닫히도록 설정되었다. 이렇게 설정된 경사면은 거실과 식당의 높이차를 반영하고 있고 2층에서 주인침실과 다른 두 침실을 연결하는 경사로의 선과 잔잔한 긴장감을 유발한다.

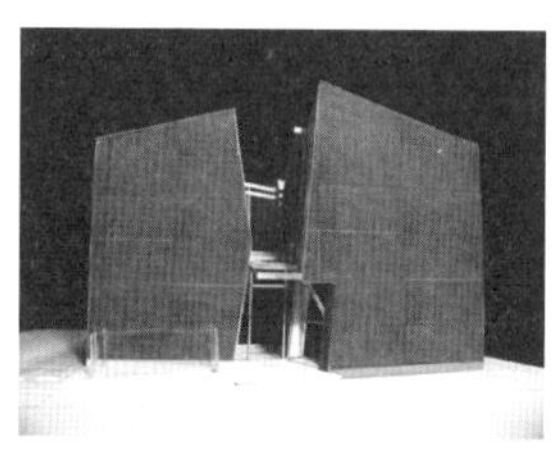

ⓒ김종오

## 일산주택 5, 2005

일산에서 기존의 목조주택을 헐고 신축한 첫 번째 사례다. 기존 목조주택에는 마당이 있었으나 제 역할을 할 수 없는 형식적인 마당일 뿐이었다.

일산 신도시는 차도와 보행자 전용도로만 설정되어 있을 뿐 개개의 필지는 방치되어 있다. 또한 일산 신도시에서는 상황의 연속성을 찾아보기 힘들다. 상황에 대한 해석이 불가능한 상태이다. 즉 관계가 부재한 상태이다.

대지는 삼면이 인접 대지로 싸여 있고 한 면이 보행자 전용도로에 접해 있다. 마당이 보행자 전용도로에 그대로 노출되어 있어 옥외 활동이 거의 불가능한 것은 물론, 마당에 접한 거실에서는 항상 커튼을 치고 생활해야 했다. 기존 목조주택의 마당은 의도적 비움이 아니었다.

앞서 작업한 다른 일산주택들처럼 프로젝트의 출발점은 "어떻게 비워내느냐?"였다.

대지의 중앙을 가로지르는 좁고 긴 비움을 설정했다. 마치 칼로 도려낸 듯한 비움의 공간은 세 개의 단면으로 한정된다. 두 면은 경사진 벽면이다. 이 경사면은 이층 바닥 선을 중심으로 V자 형상을 이루는데 이 경사면은 내부에서도 그대로 확인된다. 이 두 경사면 사이를 투명한 두 개의 다리와 데크가 서로 연결하면서 소통한다. 나머지 한 면은 경사 조경이다. 비움의 공간의 바닥에 해당하는 경사 조경은 지상을 자연스럽게 지하로 끌어들이는 매개 장치이다. 이 비움의 공간의 단면은 재료의 설정에서 한층 더 논리적으로 표현된다. 파크렉스로 둘러싸인 공간을 도려낸 단면은 라인징크로 마감했다.

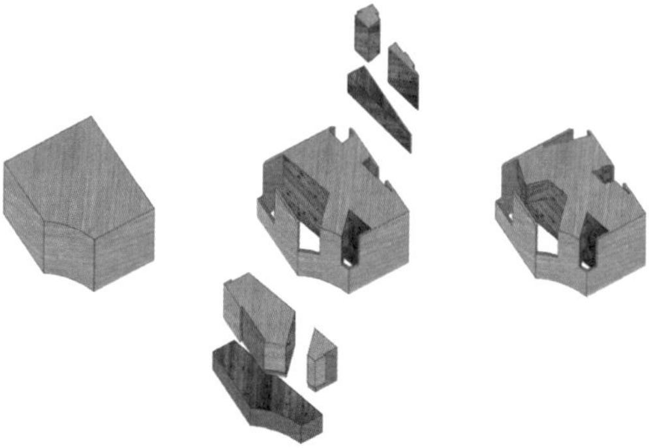

ⓒ김종오

## 영종 신도시 주택, 2005

영종도 역시 주거지역 도시계획 자체가 일산과 크게 다르지 않다. 다만 영종도에서는 컬드색(cul-de-sac) 방식을 도입해 커뮤니티를 만들려는 의도를 볼 수 있다.

건축주와 첫 만남에서 사생활이 충분히 보장되면서도 외부로 열린 집에 관한 이야기를 나누었다. 대지가 매립지에 있어 지질조사를 했다. 우려한 대로 갯벌 위에 대지를 조성하면서 매립한 4미터 깊이의 매립토를 들어내야 한다는 결과가 나왔다. 고민한 끝에 지상 주차 공간을 제외한 땅에 지하를 파고 지하마당을 만들기로 했다. 지하공간의 모든 외벽을 외기에 면하게 하고 지하에 멋진 마당을 만들 수 있는 좋은 기회라고 생각했다. 1층 출입구는 다리를 건너 진입하는 듯한 인상을 상상하였다.

출발은 어떤 비움의 전략을 세우느냐 하는 것이었다.

모퉁이를 비워내면서 그 경계인 틀은 그대로 남겼다. 물론 이 경계의 틀은 지하까지 그대로 확장된다. 이 경계의 틀에는 비움의 흔적만 남아 있을 뿐이다. 비워낸 부분의 안쪽 경계에는 채광과 환기에 필요한 창을 뚫었다. 이 비움의 논리는 재료의 사용에서 더욱 명확히 드러난다. 경계의 틀은 그 표면이 송판무늬 노출 콘크리트이다. 비움의 안쪽 단면의 표면은 적삼목으로 마감되었다. 재료는 비움의 논리를 그대로 반영한다.

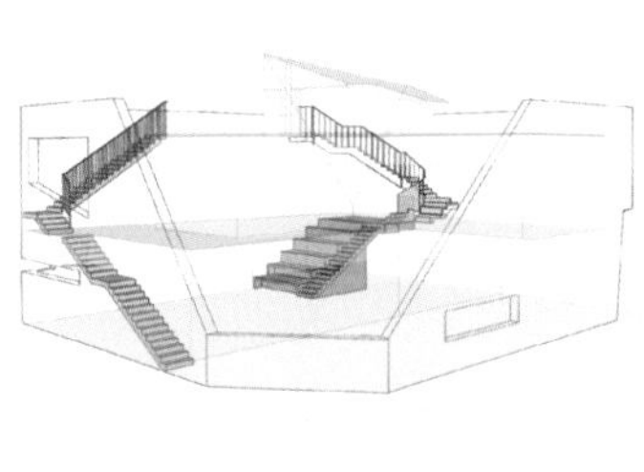

©노경

## 김포 운양동 주택, 2022

고층 아파트 가장 높은 곳에서 누구의 방해도 받지 않고 활짝 열린 전망을 누리고 살던 건축주는 이 집으로 이사한 후 “예쁜 어항 속 금붕어”같다고 한다. 이 집에서도 사면으로 활짝 열린 전망을 누릴 순 있지만 그만큼 사생활 침해를 감수해야 하기 때문이다.

설계부터 시공과정에서 열린 전망과 사생활 보호의 균형을 맞추는 일이 가장 어려웠다. 1층에서 소공원으로 열린 전망, 옥상정원에서 열리는 한강으로의 전망을 포기할 수 없었지만 사생활 침해를 100% 감수할 수도 없었다.

1기 신도시에 획일적으로 적용된 전용 주거단지 도시계획은 2기 신도시에서도 큰 변화 없이 30년 이상을 제자리에서 맴돌았다. 인접 대지와 도로로 둘러싸인 대지의 조건은 옆집과 도로의 시선으로부터 자유로운 사생활을 만끽할 수 있는 닫힌 마당의 집들을 양산할 수밖에 없었다.

이 집은 대지의 두 면이 소공원에 접해 있고 옥상에서 한강을 조망할 수 있어 열린 마당이 있는 새로운 도시풍경을 시도할 수 있었다. 건축주가 사생활 침해를 어느 정도 감수해 주신 덕분이다.

흔적 남기기는 절제할수록 아름답다.

# 흔적 남기기

정해진 조건의 잣대를 들이대 칼로 두부 자르듯 일정한 크기로 잘라 만든 신도시는 자연스럽게 흐르는 땅이나 풍경 없이 단절되어 있다. 이런 땅에서는 주변과 관계 형성을 위한 장치가 필요하다. 핵심 공간을 설정한다든가 프레임을 이용한다든가 재료로 이야기를 끌어낸다든가 하는 방법으로 흔적을 만들어 넣어야 한다.

반면 평창동과 같은 구도심이나 비교적 원풍경이 잘 살아 있는 전원에서는 인위적으로 흔적을 만들기보다는 땅과 풍경의 흐름에 따라 흔적을 남기면 된다. 대지의 상황을 집의 형태와 재료 선정 기준으로 삼는다. 흔적은 개념이 직설적으로 담겨 있는 최소한의 형태를 취하며 땅과 풍경의 흐름 속에 살포시 얹는다.

영국의 전위미술가 리처드 롱(Richard Long)은 현지 풍경에 어울리는 형태를 만들어 사진으로 기록한다. 텍사스의 빅밴드에 있는 치소스 산맥을 따라 10일 동안 걸은 흔적을 담은 "치소스 서클(Chisos Circle, 1990)"을 보고 있으면 산맥을 따라 뚜벅뚜벅 걷는 리처드 롱의 모습이 상상된다. 또 다른 작품인 "호슈슈아르 라인(Rochechouart Line, 1990)"에서는 호슈슈아르 성 동쪽의 프레스코 실에 폭 100cm, 길이 1,900cm 크기로 석회암을 배열했다. 석회암으로 흔적을 만든 것이다. 환경에 따라 흔적 남기기 혹은 흔적 만들기를 한 리처드 롱의 이 두 작업은 참조 삼을 만한 풍경이 없는 신도시에서 어떻게 작업하고 개성 있는 풍경이나 지형을 갖춘 전원과 구도심에서 어떻게 작업해야 할지 생각할 여지를 준다.

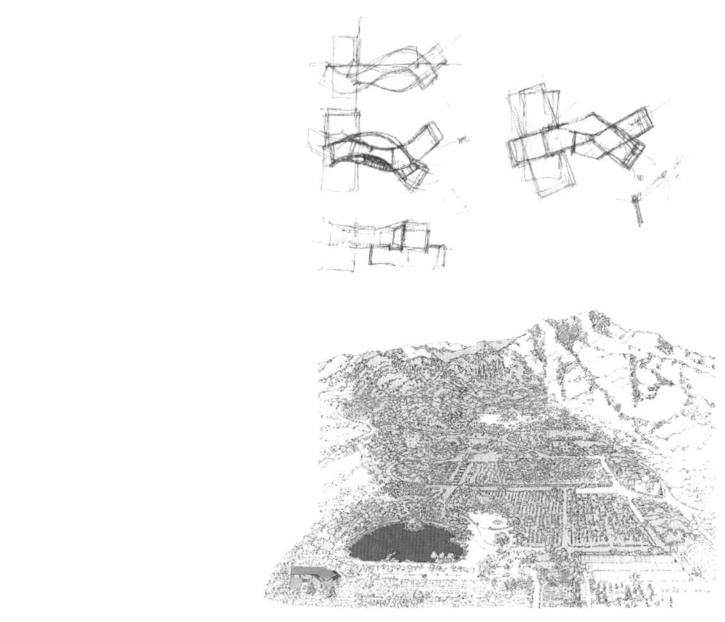

ⓒ김종오

## 문호리 주택, 2000

무분별하게 형성되는 기존의 전원주택단지와는 다르게 개발되길 원한다는 건축주는 대지를 방문한 첫날 단지 전체를 담은 조경가의 스케치를 보여주었다. 아주 인상적인 스케치였다. 10여 년 동안 그 조경가의 설계대로 단지를 꾸려온 건축주의 의지도 정말 놀라웠다. 택지를 먼저 조성하고 분양하는 방법이 아닌 자연 상태 그대로 땅을 분양하고 건축가에게는 자연과 어우러지는 집을 지어달라고 유도해왔다.

대지는 산의 흐름이 연못 근처로 흘러내리다 평지로 바뀌는 지점에 있다. 대지 앞에는 멋진 연못이 있고 주위가 다 열려 있는 땅이어서 어디서 가닥을 잡아야 할지 고민하게 되는 어려운 땅이다.

이러한 산세의 흐름을 대지 내에서 두 개의 지붕판으로 이어보려 시도하였다. 산 중턱에서 내려와 연못을 지나 계획 대지를 거쳐 아랫동네로 연결되던 기존 길의 흐름은 창고와 주택 사이에 틈을 만들어 이어지게 했다. 1층의 거실 및 식당 공간은 모두 유리로 처리하여 주변의 자연이 내부로 바로 흘러들게 했다.

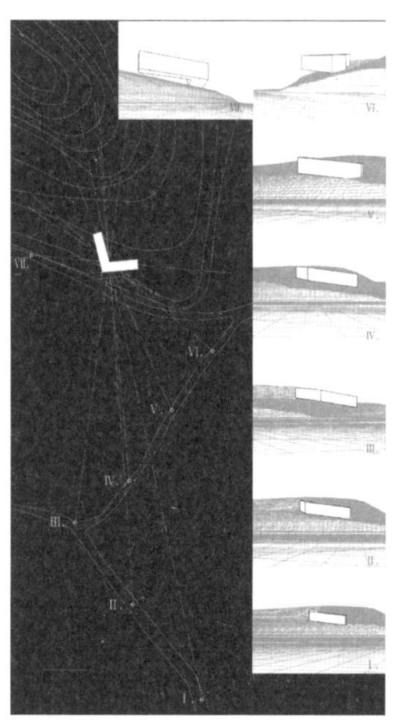

ⓒ김종오

## 묵방리 주택, 2005

땅의 흐름을 따라 놓일 최소한의 흔적.
땅의 흐름을 따라 자연스럽게 오를 수 있는 가장 단순한 입체적 형태.
땅을 닮은 재료.
단 하나의 재료.

땅의 흐름을 그대로 담는 집, 땅의 흐름을 따라 자연스럽게 오르는 집을 만들고자 했다.

대지는 높낮이 차이가 9m를 넘는 경사지이다. 대지 서쪽, 기존 주택이 있던 평지 부분을 제외하고는 집을 그대로 앉히기에는 가파른 땅이다. 그럼에도 필요한 길을 제외하고 기존 땅의 흐름을 그대로 가지도록 했다.

90도보다 약간 벌어진 ㄱ자 형태의 송판무늬 노출콘크리트 튜브가 땅의 흐름을 따라 경사를 오른다. 평면적으로는 안마당과 바깥마당으로 나뉘어 있지만 튜브가 꺾이는 부분의 들어올려진 틈을 통해 안마당은 바깥마당과 소통한다. 튜브의 표면은 주변 상황을 반영한다. 바깥마당에 접한 면에는 사생활을 최대한 보호하면서도 주변을 관망할 수 있는 절제된 프레임의 개구부가 있다. 반면 안마당을 향해 있는 면은 자연을 마음껏 품을 수 있도록 개방되어 있다. 튜브의 내부도 땅의 흐름을 따라 현관, 식당, 거실, 아이 방, 서재, 주인 침실 순으로 점차 올라간다.

ⓒ박완순

## 평창동 주택 1, 2013

묵방리 주택 이후 풍경을 이야기할 수 있는 주택을 8년 만에 작업하게 되었다.

대지와 풍경이 함께 흘러내린다. 이 집에서는 풍경을 틀에 가두고 싶지 않았다. 풍경은 이 집의 내부나 외부에서 다른 방향과 속도로 흐른다.

다른 방향과 속도로 흐르는 풍경.

이 집에서 매우 중요한 요소이다. 지붕, 창, 벽과 같은 건축적 요소는 풍경의 방향이나 속도를 제어하는 장치이다. 대지에 자리 잡고 있던 나무들조차 기존 주택이 가지고 있던 지형의 프로파일을 그대로 드러내 준다.

대지 중앙에는 세 그루의 소나무가 있다. 이 세 그루를 보존하기 위해 평면의 흐름을 조정할 만큼 강력한 흔적이다. 공사 중에도 그만한 대가를 치러야 했다. 그러나 묵방리 주택에서 남겨진 밤나무 한 그루가 진가를 발휘했던 것처럼 이 세 그루의 소나무는 새집이 땅에 쉽게 정착하도록 시간의 흔적을 선물해 준다.

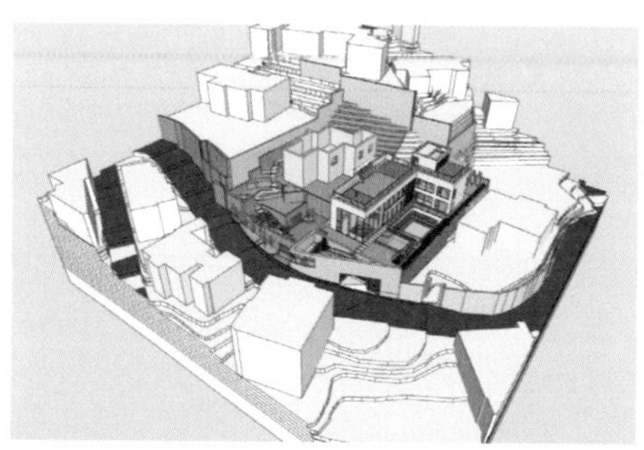

©노경

## 평창동 주택 2, 2022

그 땅에 있던 기존 주택을 헐고 신축하면서 그 풍경을 어떻게 이어갈 수 있을지 고민한 집이다.

해결책은 기존 축대, 뒤쪽의 암벽 등을 자연조건처럼 받아들이고 그 위에 새로운 풍경을 이어나가는 것이다. 도로에 면한 입면은 기존 가로 풍경과 어우러질 수 있게 재료나 스케일을 맞추려고 했다. 축대 위의 매스는 가급적 뒤쪽으로 붙여서 기존 동네 풍경의 흐름을 최대한 지키려고 했다.

탁 트인 전망을 살리기 위해 집은 가장 단순한 형태로 디자인해서 조망을 위한 최소한의 틀이 될 수 있게 했다. 외부 마감은 미니멀리스트 감성을 지닌 건축주의 취향을 따라 자연의 색을 집에 담는다는 생각으로 백색 스토(STO)로 마감했다. 지하층의 성큰은 건축주가 분재를 손질하고 감상하기에 충분한 공간이다. 건물은 풍경과 사람을 담아내기 위한 최소한의 틀이다.

일터와 주거가 공존하는 직주 주택은
코로나 이후 그 개념의 전환이 필요하다.

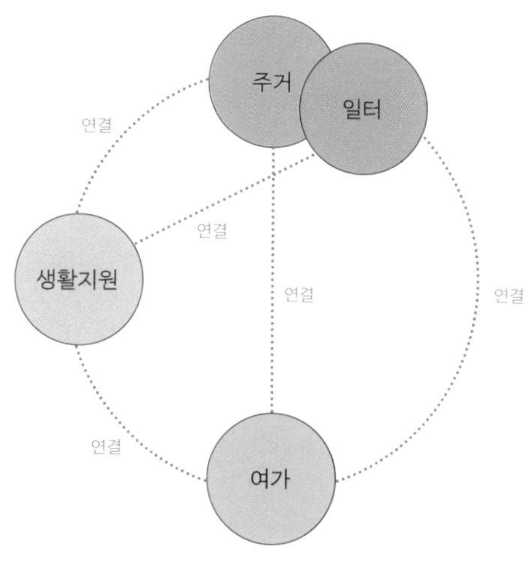


직장 + 주거 = ?

職 + 住 = ?

WORK + LIVE = ?

## 직주주택

코로나19를 계기로 주거와 일터의 관계에 대해 여러 생각을 하게 되었다. 집에서 일하는 '재택' 시간이 길어지면서 굳이 집과 일터가 분리되어 있지 않아도 된다는 직주주택 유형의 여러 가능성이 점쳐졌다.

2002년과 2003년에는 화가의 작업실과 주거공간이 공존하는 집을, 2006년에는 치과병원과 주거공간이 공존하는 집을 지었다.

세 개의 직주주택을 관통하는 개념은 '틈의 에너지'이다. 서로 다른 성격의 프로그램을 엮어 내고 도시와 관계 맺는 방식을 틈에서 찾았다.

영국의 개념 예술가인 앨런 찰튼(Alan Charlton)의 "15파트 라인 페인팅(15 Part Line Painting, 1984)"은 작품 규격에 '각 부분의 크기 265.5×13×4.5cm, 틈 4.5cm, 전체 크기 265.5×265.5'라고 표기되어 있다. 265.5×13cm의 15개의 판을 설치하되 4.5cm의 틈을 두라는 설명이다. 어느 평론가가 말한 것처럼 그의 작품은 "틈새가 만들어내는 부피를 지닌 그림"이다.

일터와 주거 공간을 분리하고 프라이버시를 보호하면서 이웃과 소통할 수 있는 집을 만들기 위한 장치로 '틈'을 주었다. 대지와 도시가 만나는 도시의 틈, 주변 주택과 관계의 틈, 내부 공간 체계의 틈을 구축해 갔다.

2000년 초반, 화가나 의사처럼 전문직 사이에서 시작되었던 직주주택 실험은 코로나19의 터널을 지나면서 직주혼합도시, 직주 일체형 임대아파트 등 새로운 유형으로 발전하고 있다.

주거

©문정식

화실

©문정식

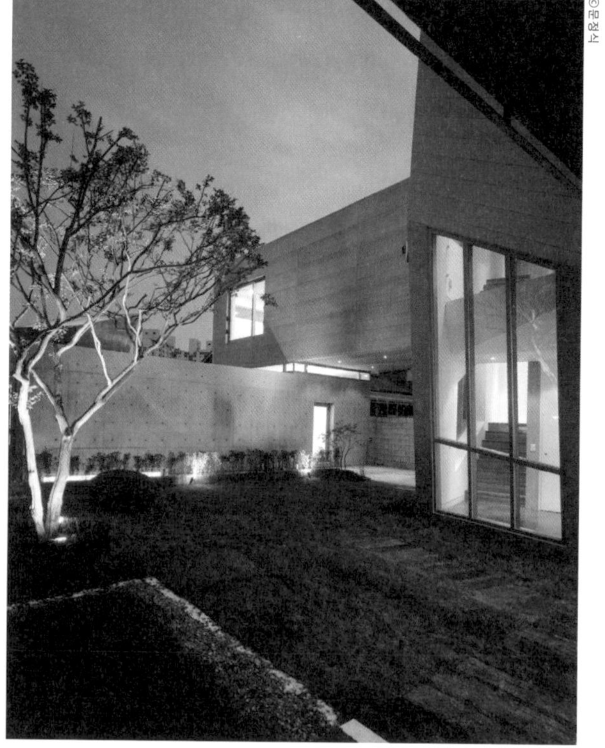
©문정식

## 우면동 스튜디오, 2003

화가의 작업실과 주거공간이 공존하는 집이다. 직선 에너지와 사선 에너지를 통해 이 두 공간을 엮었다.

동쪽에 접한 옆집의 무표정한 벽은 그 자체로 내부 마당의 한쪽 벽이 된다. 북쪽과 서쪽은 막혀있는 것처럼 보이지만 주변과 소통할 수 있는 틈이 있다. 작업실과 주택 사이의 사이 마당, 작업실과 옹벽 사이의 틈. 이 틈은 밖에서 보는 풍경과 내부 마당에서 밖을 보는 양방향의 소통을 위한 장치이다.

이 틈은 직선 에너지와 사선 에너지를 생성한다. 직선 에너지는 틈이 만들어내는 직교 체계에서 나온다. 사선 에너지는 주택 천장의 선, 이 집의 유일한 경사지붕이 흘러내리면서 만들어진 계단실의 선 그리고 화실 천창의 선이다. 사선 에너지는 직선 에너지의 틈 사이에서 부유하며 흐른다.

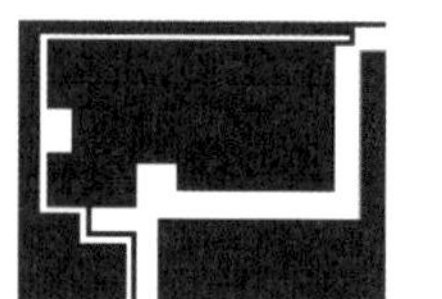

주거 화실 연구소

ⓒ박영채

ⓒ박영채

ⓒ박영채

## 서초동 스튜디오, 2002

이 프로젝트를 진행하면서 '틈'의 가능성에 매료되기 시작했다. 대지가 도시와 만나는 장치, 즉 도시의 틈, 주변 주택들과의 관계에서 형성되는 긴장감에서 나오는 틈, 내부의 공간 구축 체계의 틈…. 화가의 작업실과 주거 공간이 공존하는 이 집에서는 모든 관계를 '틈'을 통해 설정하려고 했다. 도시와의 관계 설정이라는 도시적 스케일에서부터 외부공간, 내부 공간, 미세 공간에 이르기까지 모든 관계가 '틈'에 의해 완성된다.

대지는 좁은 도로변 주택가로 삼면이 주택들의 담으로 막혀 있다. 숨쉴 틈 없는 이런 대지 상황은 새로운 가능성으로 다가왔다. 1층에 서재, 2층에 주거공간을, 지하층에는 정원과 작업실을 배치했다.

지하의 정원과 선형의 데크 공간, 1층 서재 뒤편의 조경 공간 및 화실 벽과 남쪽 담 사이의 틈, 2층으로 진입하는 계단의 벽면과 이웃집 사이의 틈 등이 주변 주택들로부터 내외부 공간까지 연결되는 관계 형성의 틈이 된다.

대지를 관통할 것처럼 보이는 좁은 도로는 대지와 도시를 연결하는 틈이다. 이 틈은 도시와 대지를 이어주는 통로이며 대지에서 도시를 바라보는 창이다. 이 틈을 통해 1층 작업실 서재와 2층 주택 거실에서 밀집된 주택가에서는 접하기 힘든 도시 조망이 가능하다.

주거

©김종오

치과

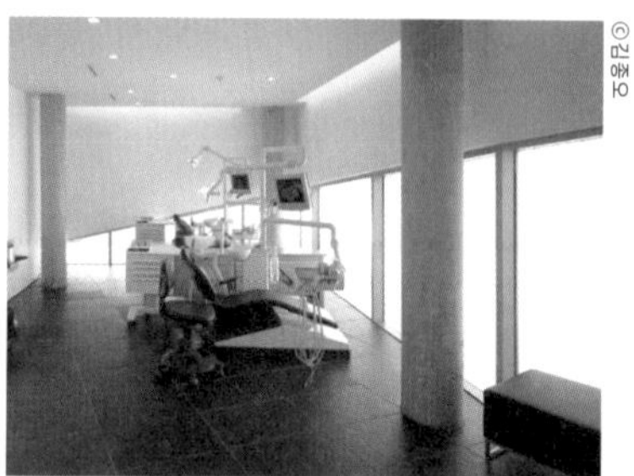
©김종오

©김종오

## 림스 코스모치과, 2006

저층부에는 치과가, 상층부에는 주거가 있는 전형적인 직주주택이다. 대지는 일반주거지역으로 대덕연구단지와 이웃하고 있는 비교적 조용한 곳으로 전면이 30m 도로에 면하고 측면으로는 6m 도로를 면하고 있다. 건축주는 주변의 차분한 분위기를 흩뜨리는 독단적인 공간에 대한 거부감을 표시했다.

도로 면에 틀어진 매스 하나를 만들고, 압출성형시멘트패널과 라인징크 판, 유리로 이웃한 적벽돌 건물이나 도장된 콘크리트 건물들 사이에 배치했다. 약간의 틀어짐, 수수하게 보이는 재료의 사용으로 주변의 차분한 분위기를 헤치지 않으면서도 구분되는 입면을 만들었다. 3, 4층의 주택은 지하 1층에서 2층까지 사용하는 치과의 확장 가능성을 염두하고 치과 진료대의 배치를 바탕으로 계획했다.

대부분의 병원이나 의료시설은 기능성을 고려해 방사형이나 편복도형으로 배치해 폐쇄적인 느낌이다. 이 집에서는 살짝살짝 보이는 외부공간을 내부에서도 간접적으로나마 경험할 수 있게 배치하려고 했다. 자연스럽게 각 공간의 덩어리도 각자의 방향성을 가지게 되었다.

테라스와 커뮤니티 마당은 저층 집합주택에서
가장 이상적인 함께 모여사는 방식이다.

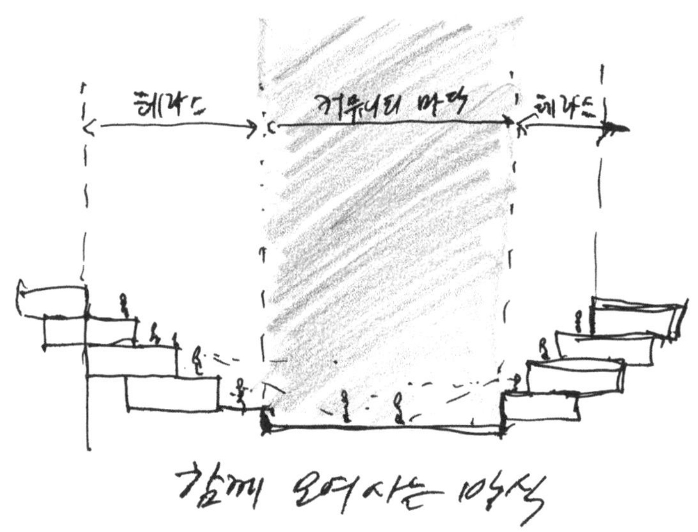

# 테라스와 커뮤니티 마당

우리나라에만 있는 독특한 주거유형으로 한때 많이 회자되던 유형이 도시형생활주택이다. 도시형생활주택은 2009년 도입된 공공주택으로 전용면적 85㎡ 이하, 300세대 미만 공동주택을 일컫는다. 서민과 1, 2인 가구의 주거 안정을 꾀한다는 명목으로 기존 주택 건설 기준, 공공주택의 부대시설 설치 기준을 대폭 완화하거나 배제했다.

도시형생활주택은 단지형 연립주택, 단지형 다세대주택, 소형주택(원룸형)으로 분류할 수 있다. 오피스텔이 건축법의 적용을 받는 반면 도시형생활주택은 주택법의 적용을 받는다. 오피스텔에 비해 전용률이 높고 발코니를 설치할 수 있다. 아파트가 우리 주거유형의 주를 이루고 있지만 동네의 경관을 주도하는 것은 다세대·다가구주택이다.

도시형생활주택은 가장 한국적인 주거유형이다. 도시형생활주택 가운데 단지형 다세대주택 프로젝트를 2개 진행했다.

경사지를 성토하지 않고 그대로 집을 앉히고 전 세대에 테라스를 제공한 경기도 광주의 휴먼빌리지. 다세대주택 13동이 모여서 마을을 이루는 휴먼빌리지에서는 함께 사는 방식을 모색했다.

또 다른 하나는 용인 수지의 더 테라스힐. 마치 아파트처럼 지하에 공용주차장을 두고 1층에 차량 통행이 없는 커뮤니티 마당을 만들어 주민들이 소통하고 쉴 수 있게 했다.

두 프로젝트에서 아파트에 비해 주거 환경이 열악하다는 이유로 외면받는 도시형생활주택에 활력을 불어넣는 실험을 하였다. 실제로 분양시장에서도 좋은 평가를 받았다.

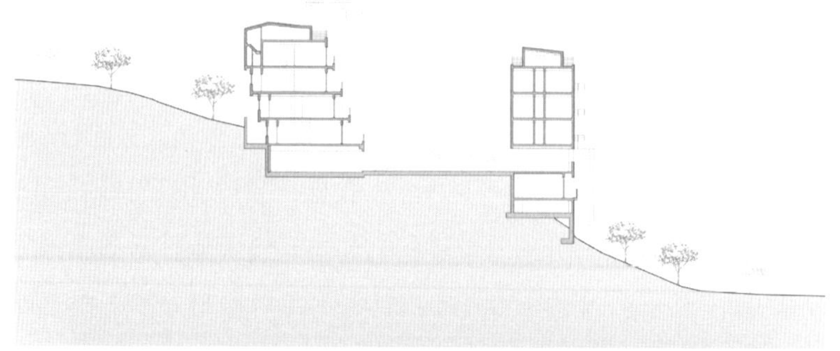

©OCA

## 휴먼빌리지, 2013

다세대주택 13개 동이 모여 마을을 이루는 새로운 유형의 주거형식이다. 건축주는 일반적인 다세대주택을 뛰어넘는 그 무엇을 기대하며 우리 사무실을 찾아왔다. 대지는 경사도가 상당히 가파르고 북사면이 많은 우리나라에서 흔치 않은 남동향 경사지이다. 이런 경사지에 집을 짓기 위해 대부분 7~8미터의 옹벽을 쌓고 평탄한 대지를 조성한다. 경사지를 다듬는데 드는 엄청난 토목 비용을 줄이면서 지형에 순응하고 남동향을 만끽할 수 있는 집을 지을 수 있지 않을까 고민했다.

그리고 찾아낸 해법이 테라스하우스이다. 물론 테라스하우스를 만들기 위해서는 일반주택보다 더 많은 건축비가 필요하다. 하지만 경사지를 다듬는데 드는 토목공사비를 최소화했으니 토목비, 공사비 등 전체 비용을 합산해보면 경쟁력이 있다. 주변의 다른 단지보다 마감재나 창호의 수준이 다소 높아 분양가가 조금 높기는 하였으나 분양을 시작하자마자 바로 완판되었다. 주변보다 높은 분양가에도 불구하고 테라스하우스가 진가를 발휘한 것이다. 현명한 소비자들은 좋은 디자인을 선택한다는 게 입증된 셈이다.

요즘 건축주들은 현명하다. 스마트폰 애플리케이션을 이용해 집의 방향을 확인하고 방의 크기도 측정한다. 생각지 않았던 테라스를 보고 많은 사람이 좋아했다. 마당이 있는 집을 가질 수 없었던 신혼부부는 테라스에 매료되었다.

입주자들이 입주를 마친 후 시간이 지나 다시 현장에 들렀다. 색깔을 통일한 어닝이 드리워져 있고 테라스에는 화분들과 야외용 가구

©OCA

들이 놓여 있었다. 테라스에서 이런저런 삶의 흔적을 확인할 수 있었다.

건축가로서 테라스하우스라는 새로운 유형의 주거형식을 제시했을 뿐인데 거주자들은 자신만의 삶이 담긴 멋진 풍경을 만들어가고 있다.

ⓒ남궁선

## 더 테라스힐, 2020

2013년에 완공된 휴먼빌리지는 13개 동이 13개의 필지에 지어진 다세대주택이 모여 있는 형식이었다. 더 테라스힐은 8채의 다세대 건물이 한 대지에 있는 도시형생활주택 중 단지형 다세대주택 단지이다. 이 단지에서는 아파트 단지처럼 주차장을 지하에 넣고 지상층에 주민들을 위한 커뮤니티 마당을 설치하여 공공성의 풍경을 만들었다.

단지의 북쪽은 보존녹지 숲으로 둘러싸여 있고 모든 세대가 남쪽을 향하는 이른바 '숲세권' 단지이다. 숲이 있는 동서방향에 있는 커뮤니티 마당은 주민들의 휴게공간이자 파티 공간이며 아이들의 놀이터가 된다.

테라스는 층별로 달리 활용할 수 있게 구성했다. 1층에는 세대 앞뒤에 마당이 있고, 2층과 3층에는 거실에서 외부를 조망하고 쉴 수 있는 테라스가 있다. 4층에서는 다락을 통해 루프탑 데크로 나갈 수 있다.

> 아파트와 단독주택의 장점만 콕 집어 지은 테라스 빌라 타운하우스 단지의 인기가 높은 만큼 누구나 한번쯤 살아보고 싶은 고급 타운하우스 더 테라스힐. 입주민의 가족 구성과 라이프스타일에 따라 삶 속에서 다양한 가치를 구현할 수 있도록 64세대가 각기 다른 모습을 갖고 있는 것이 특징이다. 코로나 바이러스 시대 이후에 바뀔 '살고 싶은 집'의 형태로 더욱 큰 주목을 받고 있는 전용 테라스를 각 세대마다 제공한다. 광교산 보존녹지로 둘러싸인 숲세권에 전 세대를 남향으로 배치했으며, 1층 커뮤니티 마당에는 유명

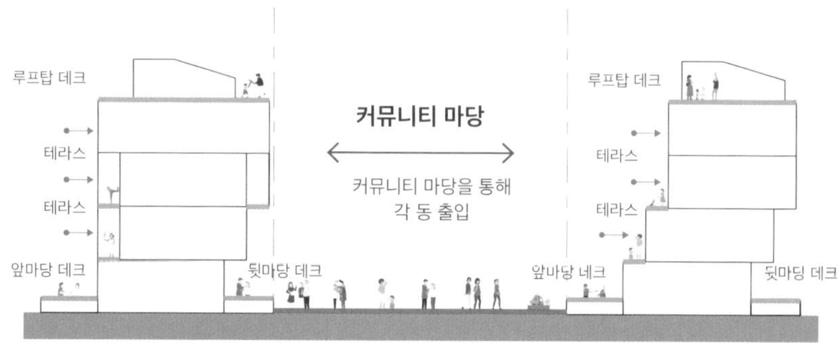
루프탑 데크
테라스
테라스
앞마당 데크
뒷마당 데크
커뮤니티 마당
커뮤니티 마당을 통해
각 동 출입
루프탑 데크
테라스
테라스
앞바당 네크
뒷마딩 데크

ⓒ남궁선

ⓒ남궁선

조각가 이일호의 조각 작품을 설치하고 고급 조경수를 심어 단지의 품격을 높이고 입주민들이 신선한 공기와 아름다운 경치를 만끽하며 여유를 즐길 수 있도록 했다.

테라스와 커뮤니티 마당을 강조한 테라스힐의 분양광고 내용이다.

# 공공성의 풍경

**다양한 도시 실험**

미래 모빌리티가 만드는 미래도시

플랫폼 도시: 세운상가군 재생사업 공공공간
(삼풍상가–남산순환로 구간), 2017

표류 도시: 창동·상계 창업 및 문화산업단지, 2018

바코드 도시: 성뒤마을, 2017

메타시티: “서울: 메타시티를 향해” 전시, 2014

탄소중립도시: 사이판 마하가나 섬의 재구조화 작업, 2023

건축가는 도시에 대한 생각을 꾸준히 제시하여야 한다. 다만 도시는 만들어지는 것이 아니고 채워지는 것이라는 사실을 명심하면서……

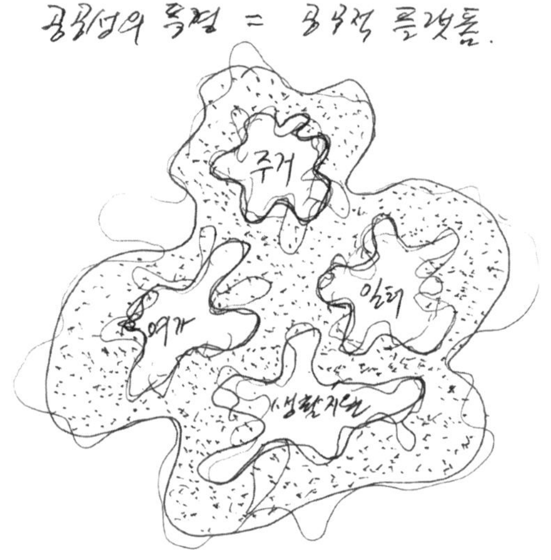

# 다양한 도시 실험

공공성.
사전에서는 '한 개인이나 단체가 아닌 일반 사회구성원 전체에 두루 관련되는 성질'을 의미한다고 설명한다.

공공성은 보는 시각에 따라 다양하게 정의될 수 있다. 건축과 도시의 관점에서는 '사회구성원의 삶이 개인과 사적 영역을 넘어서 공동체와 공적 영역으로 전이되어 공유와 공존의 가치가 공간에서 실현되는 것'으로 정의할 수 있다.

과거에 공공성은 공적 영역에만 해당하는 개념이었으나 점차 사적 영역까지 확장되고 있다. 사적 영역과 공적 영역의 경계가 허물어지거나 모호해지고 있다는 의미이다. 공공성의 주체와 역할이 정부 주도형에서 정부·민간 협력형으로 바뀌고 있다는 것을 시사한다. '함께 만들고 함께 누리는 도시'의 시대가 도래한 것이다.

도시는 끊임없이 변화한다. 생성되고, 성장하고, 소멸한다. 산업혁명 이후 도시는 수없이 생겨났고 급격하게 성장하고 있다.

기억나는 도시 실험들이 있다.

- 공업도시(An Industrial City), 1917: 토니 가르니에(Tony Garnier)
- 300만을 위한 현대도시(A Contemporary City for 3 Million Inhabitants), 1922: 르코르뷔지에(Le Corbusier)
- 러시 시티 개조(Rush City Reformed), 1928: 리처드 노이트라(Richard Neutra)

미래도시를 위한 담론의 중심은 공공성의 등경이어야 한다.
무엇보다도 도시는 인간중심이어야 하기 때문이다.

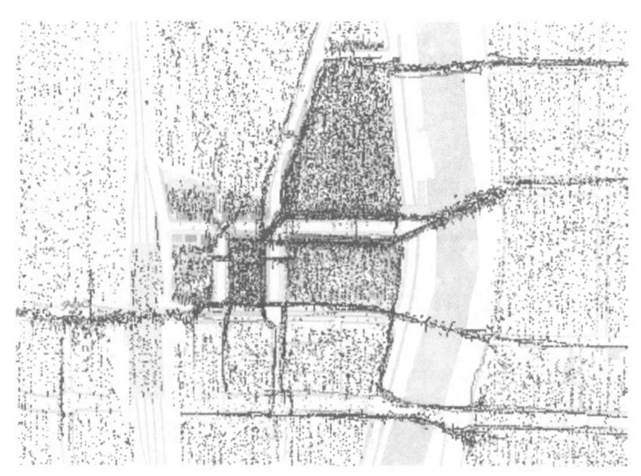

- 브로드에이커 시티(Broadacre City), 1932: 프랭크 로이드 라이트(Frank Lloyd Wright)
- 플러그인 시티(Plug-in City), 1964: 아키그램(Archigram), 피터 쿡(Peter Cook)

최근 미래도시에 대한 담론이 쏟아지고 있다. 4차 혁명과 플랫폼 기술이 미래의 도시를 이끌어 간다는 스마트시티가 지배적인 담론이긴 하다. 스마트시티의 핵심은 도시를 물리적으로 변화시키는 것을 넘어서 ICT 기술을 활용하여 소프트웨어적으로 도시를 구축한다는 것이다. 구글을 비롯한 아마존, 카카오, 네이버와 같은 글로벌 IT 기업들이 데이터를 기반으로 미래도시 구축을 시도하고 있다. 도시 전체를 가로지르는 인터넷망을 통해 모든 정보가 특정 기업에 의해서 통제될 수 있다는 위험성은 재고해볼 여지가 있다. 도시가 특정 기업의 상품이 되는 상황이 올 수도 있다.

모빌리티 혁명이 도시의 형태를 바꾸어 갈 것이다. 2022년 싱가포르에서 개최된 2022 세계도시정상회의(WCS)에서 세계 3대 전기차 생산업체인 현대차, 테슬라, 도요타는 자율주행 시대가 만드는 미래도시에 대한 비전을 발표했다. 미래도시 비전을 제시하면서 지속가능한 커뮤니티에 대한 실험을 동시에 진행한 도요타의 발표를 눈여겨보았다.

4차 산업혁명, IT 기술, 모빌리티 혁명 등이 미래도시를 주도할 것이라는 담론이 지배적이지만 인간과 환경에 더 집중해야 한다는 이론도 만만치 않다.

세계 여러 도시에서 'N분 도시' 개념을 토대로 도시의 지속가능

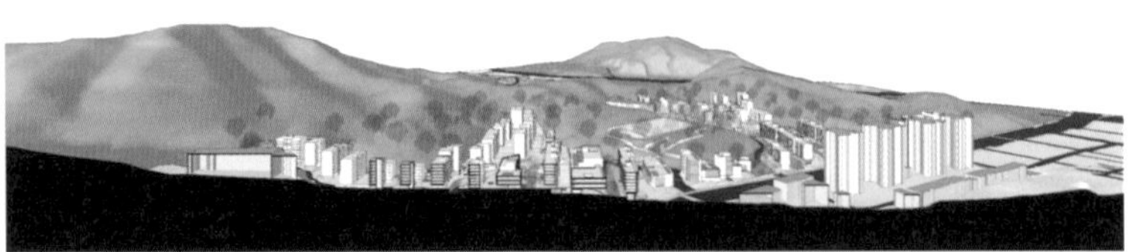

성을 찾아가는 중이다. 인간과 자연을 중심에 둔 이 모델이 미래도시의 풍경을 어떻게 바꿀지 더욱 기대된다.

파리의 미니메스 지구(Minimes Barracks), 바르셀로나의 슈퍼블록은 15분 도시, 맬버른은 20분 도시, 서울은 “2040 서울도시기본계획”의 수립을 통행 30분 보행 일상권을 설정하고 일자리, 여가문화, 수변녹지, 상업시설, 대중교통거점 등 모든 기능을 아우르는 자립적인 생활권 만들기를 목표로 하고 있다.

| | | |
|---|---|---|
| 글로벌폴리스 | ↔ | 강소도시 |
| 메가시티 | ↔ | 메타시티 |
| 스마트시티 | ↔ | 바이오필릭시티 |
| 미래 모빌리티 도시 | ↔ | 15분 도시 |

어느 길을 갈 것인가?
우리의 선택이다.

프리츠 랑 감독이 영화 "메트로폴리스"에서 보여준 미래도시의 풍경은
놀랍게도 지금 우리의 도시 풍경이 되었다.

르코르뷔지에는 《건축을 향하여(Towards a New Architecture)》에서 자동차를 현대인의 삶을 담는 "생활의 기계"가 될 것이라고 했다. 그의 불길한 예측대로 이제 자동차 없는 현대도시는 상상할 수 없게 되었다.

영화감독 프리츠 랑(Fritz Lang) 역시 1927년에 발표한 영화 "메트로폴리스(Metropolis)"에서 자동차가 지배하고 있는 미래도시의 풍경을 제시했다. 안타깝게도 그가 제시한 도시의 풍경이 이제 현실이 되어 버렸다.

자동차 없이 도시가 작동할 수 없다면 자동차를 도시 풍경의 요소로 확실히 받아들여야 한다. 한발 더 나아가서 자동차와 함께하는 우리 도시 풍경을 바꾸려는 적극적인 노력을 해야 한다.

완전한 자율주행 시대가 되면 미래도시는 어떻게 될 것인가에 대한 두 가지 전망이 있다. 첫 번째 전망은 자율주행차의 수가 늘어나면서 대중교통의 수요가 줄어들거나 아예 사라져서 도로는 오히려 포화상태가 되고 자동차의 주행 시간도 더욱 늘어나게 될 것이라는 비관론이다. 두 번째는 개인 소유의 자율주행차가 대폭 줄어들고 자율주행차가 공용화되면서 도로 위의 밀도도 훨씬 느슨해지고 주차장의 면적도 훨씬 줄어들어서 지금보다 훨씬 쾌적한 도시가 될 것이라는 정반대의 전망이다. 두 전망은 모두 미래의 모빌리티를 기존 도시에 적용할 때의 상황이라고 판단된다.

최근 세계 3대 전기차 생산업체인 현대자동차, 테슬라, 도요타가 각각 자율주행 시대가 만드는 미래도시에 대한 비전을 발표했다. 현대차는 'HMG 그린필드 스마트 시티'를 제안하면서 도시의 완성 시

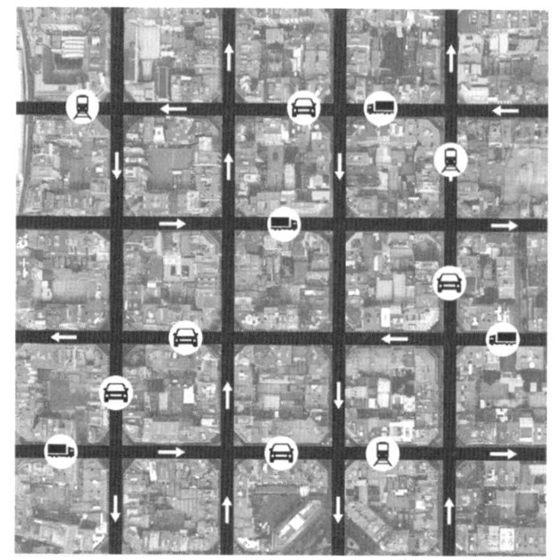

현재도시: 모빌리티의 도시

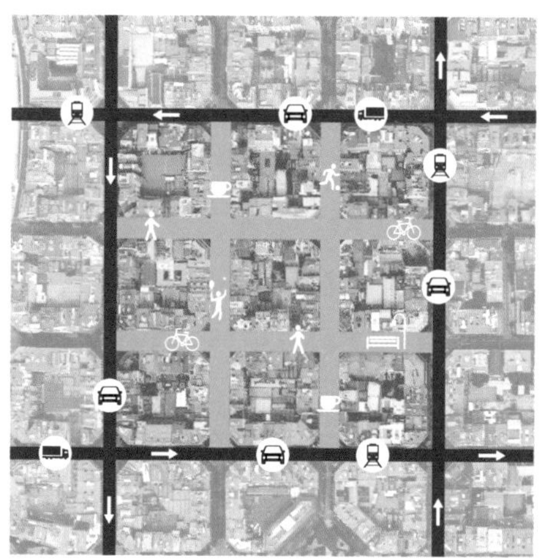

미래도시: 모빌리티와 걷고 싶은 도시의 유연한 연결

간이 짧고 유휴부지를 최소화할 수 있으며 다양한 자연환경을 고려한 도시라고 설명한다. 테슬라는 '초현대적 스마트 시티(Futuristic Smart City)'를 제시하면서 지하에 있는 튜브를 이용한 새로운 교통 인프라(Transportation Infrastructure)를 제안하고 있다. 플라잉카나 드론보다는 훨씬 쾌적한 도시를 만들 수 있겠지만 지하에 인프라를 만드는 작업이 얼마나 현실성이 있을지 의문이다. 마지막으로 도요타의 '우븐 시티(Woven City)'이다. 수소연료와 태양광을 주 에너지원으로 하는 지속가능한 커뮤니티의 실험이다. 2023년 10월에 착공해서 2025년 완공이라는데 기대가 된다. 세 업체가 발표한 미래도시는 기존 도시 모습에서 벗어난 완전히 새롭게 만들어지는 신도시 모델이다.

그럼 미래의 모빌리티를 활용해 미래도시를 만들 때 무엇이 중요할까? 물론 미래의 모빌리티 역시 우리가 도보로 이동할 수 없는 거리를 이동할 때 그러니까 국가와 국가, 도시와 도시, 마을과 마을을 이동할 때는 꼭 필요한 이동 수단일 것이다. 그럼 도보로 이동할 수 있는 거리의 도시의 풍경은 어떻게 변할 것인가? 미래도시의 핵심은 미래 모빌리티와 걷고 싶은 도시를 얼마나 유연하게 연결하느냐에 있다고 본다. 첨단 하이테크와 자연 친화적인 로우테크의 공존이다.

최근 바르셀로나에서 '슈퍼 블록'이라는 의미 있는 실험을 진행하고 있다. 기존의 격자형 도로체계에서 도로를 과감하게 덜어내고 보행 친화적인 공공공간을 만들어 가고 있다. 이렇게 만들어진 슈퍼 블록을 연결하는 녹지 체계를 구축해 기존의 도시를 점점 걷고 싶은 도시로 만들어 가는 실험이다. 이미 몇 개의 슈퍼 블록이 완성되어 차로가 시민들의 공공공간으로 거듭났다. 우리가 미래도시를 구상할 때 참고할 만한 사례라고 생각된다.

미래도시는 미래모빌리티와 보행도시가 공존하는 구조여야 한다.

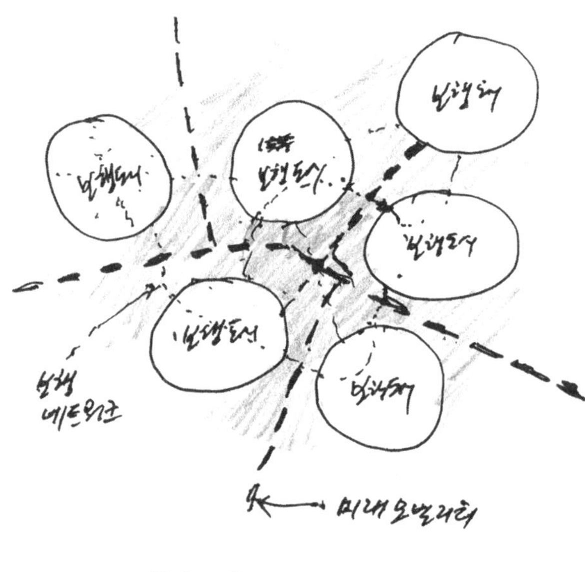


미래도시의 구조

자동차(이제는 미래 모빌리티라고 하는 것이 맞는 표현일 것이다)가 우리 도시와 어떠한 관계를 맺어 왔으며 어떻게 도시의 풍경을 바꾸고 있는지 살펴보았다.

미래 모빌리티가 만드는 미래도시는 어떤 모습일까?

미래도시의 주인은 모빌리티가 아니고 사람이다. 따라서 미래도시는 미래모빌리티와 보행도시가 공존하는 구조를 가져야 한다. 미래도시의 문제도 결국 사람이 살기 좋은 도시를 어떻게 만들 것인가 하는 문제로 귀결 될 것이다.

플랫폼도시는
기존의 도시 인프라를 도시의 맥락을잇는 연결의 플랫폼으로
재탄생 시킬수 있다.

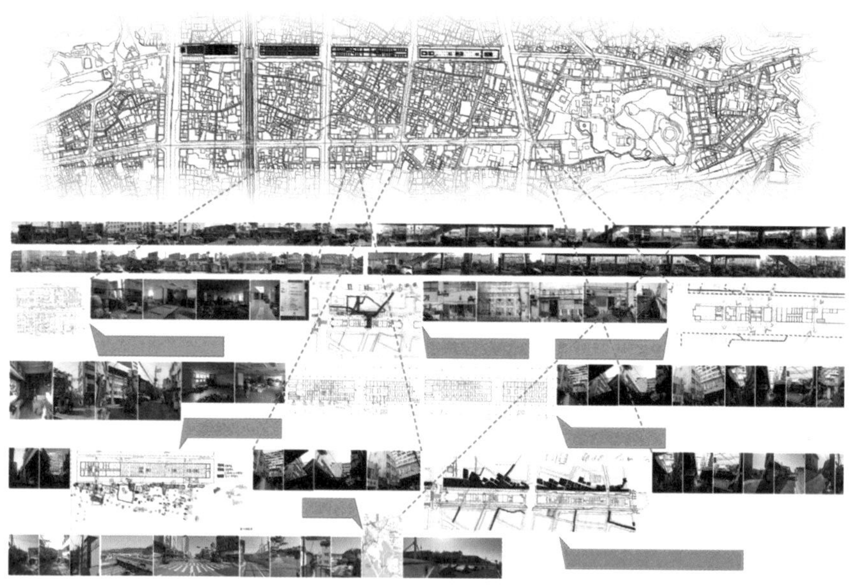

## 플랫폼 도시: 세운상가군 재생사업 공공공간(삼풍상가-남산순환로 구간), 2017

서울 역사 도심 가운데에서도 중심에 있는 세운상가군은 종로에서 퇴계로까지 약 1km에 걸쳐 총 7개의 상가로 구성되어 있으며 행정구역상 종로구와 중구에 속한다. 세운상가군의 북쪽에는 유네스코 세계문화유산인 종묘가, 남쪽에는 남산이 있으며, 동·서 방향으로 종로·청계천·을지로·마른내길·퇴계로가 지나고 있다.

세운상가군의 대지는 일제강점기인 2차 세계대전 말 항공 폭격으로 인한 도심 화재 전이를 방지한다는 명목으로 기존 건물을 모두 철거하고 공지로 남긴 소개공지(疏開空地)였다. 1950년 한국전쟁을 거치면서 피난민들이 이 지역을 불법으로 점거하면서 불량 주거지가 형성되었다.

1960년대 말 정부는 이 땅을 대상으로 대한민국 최초의 도심 재개발사업을 벌였다. 건축가 김수근의 주도로 세운상가군이 들어선다. 보행자와 차량 동선을 남북을 관통하는 거대 구조물과 인공 대지·데크로 분리한 입체도시 개념을 담았다. 세운상가군은 주거와 상업시설뿐 아니라 다양한 주거 편의시설까지 갖춘 대한민국 최초의 주상복합건축물로, 1967년부터 1972년 사이에 건립되어 당시 사회 지도층 인사들이 입주하는 서울의 명물이었다. 건축사적으로도 20세기 이후 도시건축의 새로운 패러다임을 실현한 도심 내 메가스트럭처로서 의미가 있다. 세운상가군은 서울의 '도시·건축적 유산'일 뿐 아니라 주변 지역과 연계되어 다양한 활동이 기대되는 역사·문화·산업의 복합체이다. 하지만 1980년대 강남개발 이후 세운상가는 쇠퇴를 거듭하게 되었고 현재는 대부분의 시민에게 더럽고 낙후한 건축물로, 서울 역사

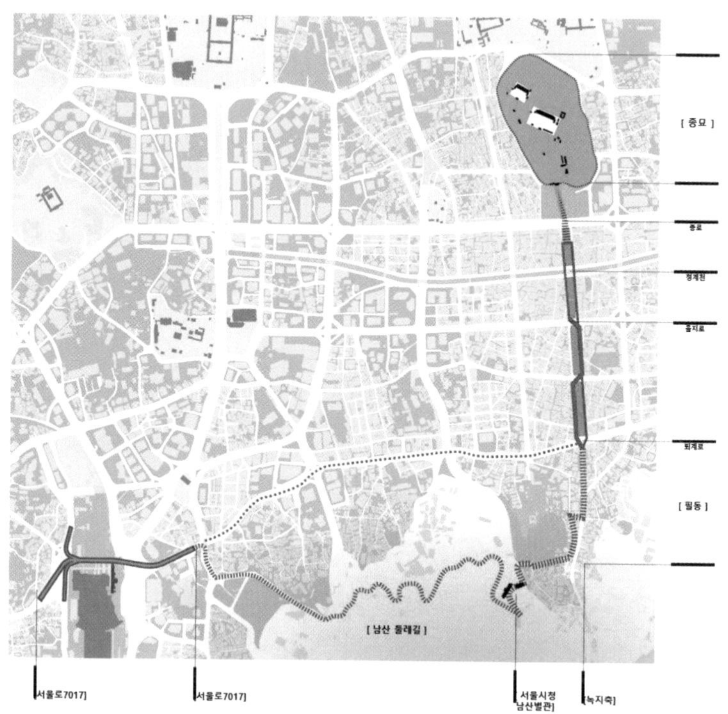
[ 종묘 ]
종로
청계천
을지로
퇴계로
[ 필동 ]
[ 남산 둘레길 ]
서울로7017]
서울로7017]
서울시청
남산별관]
녹지축]

도심을 남·북으로 가로지르는 도심 발전을 저해하는 '잊혀진 공간'으로 기억되고 있다.

2000년대 초반 도심재창조산업의 일환으로 진행된 청계천 복원사업으로 기존 상가군의 데크 연결통로가 철거되고 일부 상가군의 경우 리모델링을 통해 데크 부분이 철거된 상태이다. 또한 세운상가군은 2006년 세운재정비촉진계획에 의해 전면 철거 후 공원을 조성하는 것으로 계획되었으며, 종묘에서 가장 인접한 현대상가는 철거되어 공원(세운초록띠공원)으로 조성되었다. 그러나 촉진계획 결정 이후 사회·경제적 여건 변화에 따라 2014년 3월 촉진계획 변경을 통해 현존하는 상가는 보존하기로 계획을 변경하고 '세운 재정비촉진계획' 변경안을 통해 녹지 생태 도심을 실현하기 위해 7개 상가군을 단계적으로 공원화할 계획을 세웠다.

2017년 서울시로부터 '세운상가군 재생사업 공공공간(삼풍상가-남산순환로 구간) 국제지명현상설계'의 지명건축가로 초청받았다. 서울시가 제시한 설계의 목표는 추진하고 있는 1단계 구간 데크와 연결, 세운상가군(삼풍상가-진양상가)의 데크 및 공중보행교 주변의 공공공간을 재정비하고, 남산순환로와 연결 동선을 확보하여 도심 보행 순환 체계를 완성하는 것이다. 또 다른 목표는 도심 산업 및 남북보행축의 중심공간으로서 새로운 문화적 가치와 의미를 지닌 공간으로 조성하여, 다양한 활동을 담고 있는 도시재생활성화지역(재정비촉진지구) 등 주변지역과 연계를 통해 활성화될 수 있도록 하는 것이다.

OCA는 연결의 플랫폼을 새로운 도시의 유형으로 제안하였다. 제안하는 플랫폼 도시는 서울을 잇고, 도시의 맥락을 연결하며, 시간을

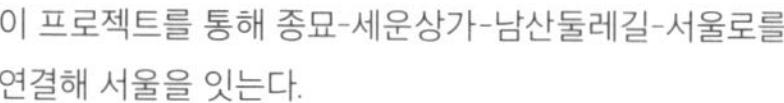

이 프로젝트를 통해 종묘-세운상가-남산둘레길-서울로를 연결해 서울을 잇는다.

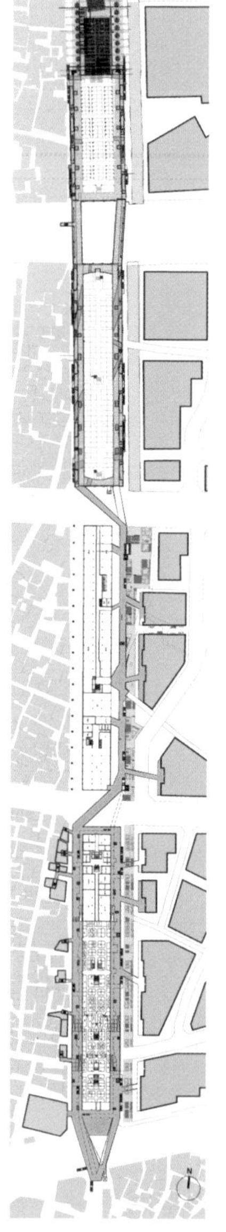

연결하고, 도시를 수직적으로 연결하며 마지막으로 문화를 연결한다.

이 연결의 플랫폼은 3차 풍경으로 멋진 공공성의 풍경을 만들어 낸다.

표류도시는
모든 기능주의적 경계선을 인정하지 않으며
거주, 노동과 여가, 공적 및 사적 공간이 최대한
융해되어 단일한 인간환경을 만든다.

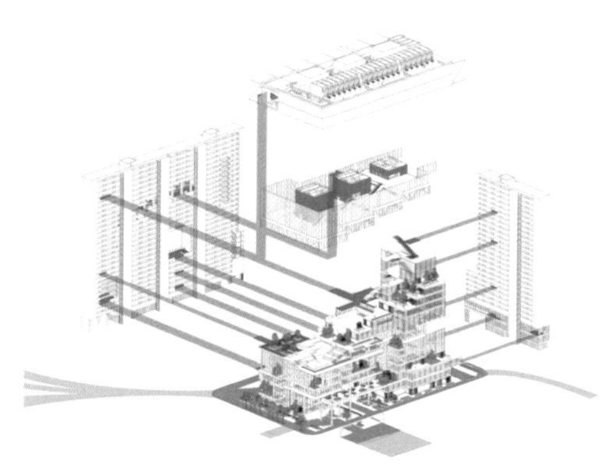

## 표류 도시: 창동·상계 창업 및 문화산업단지, 2018

표류 도시는 '창동·상계 창업 및 문화산업단지 조성사업 국제설계공모'에 제안했던 새로운 유형의 도시이다. 기 드보르(Guy Debord)의 일원적 도시(Urbanisme Unitaire) 개념을 재해석한 '공동체 도시'이다. 공동체 도시는 다음 세 가지 원칙에 의해 만들어진다.

첫째, 일체의 기능주의적 경계선(zoning)을 인정하지 않으며 거주, 노동과 여가, 공적 공간과 사적 공간이 최대한 용해되어 단일한 인간 환경을 만든다. 즉 거주, 노동, 여가가 용해된 공동체 도시를 만드는 것이다. 기능주의의 산물인 스펙터클하고 수직적인 도시가 아닌 표류하는 수평적 도시를 만드는 것이다.

둘째, 현대 도시계획의 합리성을 전복시키고 인문주의적 상상력이 꽃을 피울 수 있는 도시공간을 만든다. 각 기능을 연결하는 매개공간은 소통의 플랫폼으로서 각각의 프로그램을 용해해 창의적 공간을 완성한다.

셋째, 주민 참여 및 실험적인 놀이가 가능한 도시이다. 공동체 도시는 주민들이 이미 만들어진 환경으로부터 소외된 구경꾼이 아니라 직접 참여하고 실험적인 놀이를 할 수 있는 공간이 되어야 한다. 연속적 공간구조는 중성적 위계를 가진 공간을 통해 걷기가 가능한 구조를 만든다.

표류 도시는 다음의 특징을 가지는 새로운 유형의 도시이다.

1. 일원적 도시: 시간이 만드는 도시

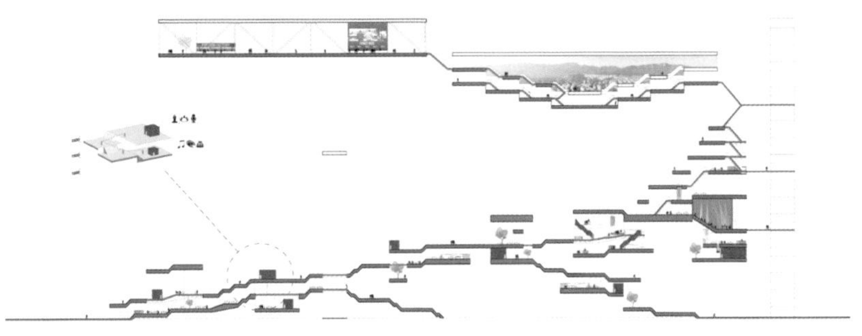

기 드보르의 일원적 도시의 실천

2. 도시적 매개체로서 균형을 유지하는 열린 도시

3. 거주, 노동, 여가가 용해된 공동체 도시

4. 매개 공간의 도시

· 파라미터 스페이스(Parameter Space): 오피스텔과 인프라 시설의 연결공간은 소통의 플랫폼으로서 각각의 프로그램을 용해해 창의적 공간을 완성한다.

· 스텝 가든(Step Garden): 스텝 가든은 창업, 문화 집객, 오피스텔 사이에 위치한 휴식 공간으로 각각의 프로그램을 물리적, 시각적으로 연결한다.

5. 주민 참여 및 실험적인 놀이가 가능한 도시

· 연속적 공간구조: 중성적 위계를 가진 공간을 통해 걷기 가능한 구조를 만든다.

· 다양한 프로그램: 표류하는 이용자는 길을 따라 올라가며 스타트업 오피스, 문화창업시설, 서점, 영화관 등 다양한 유형의 공간과 프로그램을 경험한다.

표류 도시는 일체의 기능주의적 경계선을 인정하지 않으며 거주, 노동과 여가, 공적 공간과 사적 공간이 최대한 용해되어 단일한 인간 환경을 만든다.

바코드 블록 도시는 기존의 기능주의를
배격하고 삶의 풍경을 연결하는
열린 풍경을 제시한다.

바코드 블록 도시(Barcode Block City)

## 바코드 도시: 성뒤마을, 2017

대규모 재개발, 재건축 등으로 큰 이익을 얻을 수 없고 그러한 개발을 하기도 어려운 상황에서 사람들은 다른 가치에 주목하기 시작했다. 서울은 보존, 공유, 환경 등과 같은 가치를 바탕으로 미래도시에 대한 개념을 그려가고 있다. 하지만 지금까지 이어온 관습적인 도시전략으로는 새로운 가치에 대응하는 도시를 만들 수 없다. 성뒤마을 프로젝트에서 기존의 전략에 대한 역설적인 전략으로 새로운 도시풍경을 제안한다.

### 지엽적 녹지축이 아닌 광역적 녹지축

서울시의 경우에는 '3도심 7광역중심 12지역중심'으로 구분된 전략을 구사한다. 이때 행정구역별로 경계를 나누는 것이 아닌 경계 사이까지 고려한 전략을 제시한다. 구역의 경계들을 넘어선 녹지 및 수변 네트워크를 강화하여 녹색 교통체계까지 서로 연계하는 제안이다.

### 스마트 시티가 아닌 스마트 그린시티

이용의 편리를 추구하는 '스마트 시티' 에 대응하는 개념인 '스마트 그린시티'는 기후변화와 에너지 문제까지 포함하는 전략이다. 요소기술과 도시설계의 결합을 통해 새로운 도시의 방향성을 만든다.

### 포지티브 스페이스 전략이 아닌 네거티브 스페이스 전략

네거티브 스페이스 도시전략은 개별 필지에 국한된 건물에서 시작하는 것이 아닌 공공의 공간을 먼저 디자인하여 이를 서로가 공유하는

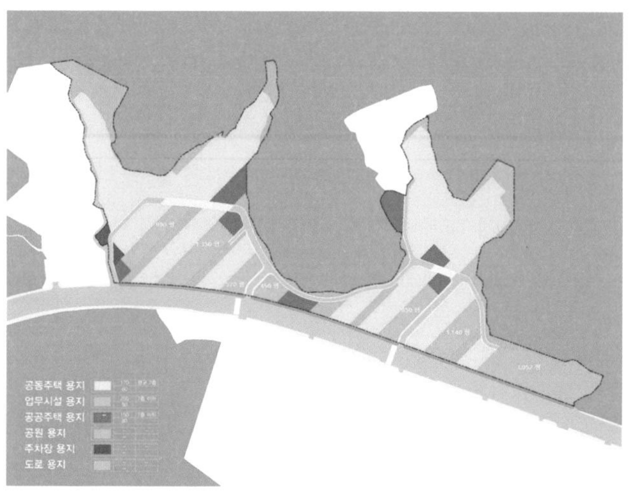
공동주택 용지
업무시설 용지
공공주택 용지
공원 용지
주차장 용지
도로 용지

도시를 뜻한다. 이곳은 이용자 모두에게 열려 있는 공간이다. 바람길 확보 및 풍향과 일조를 고려한 외부공간 계획에 따른 건물 배치로 이를 구현한다.

### 닫힌 가로풍경이 아닌 열린 가로풍경

기존 도시에서는 가로를 따라 벽처럼 이어진 가로풍경을 만드는데 익숙하다. 이러한 평면적인 전략에 대응하는 분절된 매스 계획으로 끊어진 가로풍경을 통해 보행자의 시선을 더 멀리까지 열어줄 수 있다. 이를 통해 얻어지는 중첩의 효과는 도시에 깊이감을 더해준다.

### 단층적인 도시가 아닌 다층적인 도시

기존의 용도별 지구단위 계획에서는 하나의 필지에는 하나의 용도가 할당된다. 이를 통해 구현되는 2차원적인 도시공간을 넘어서, 하나의 필지에 정해지는 용도가 평면적으로도 분할되고, 이것이 3차원적으로 뒤섞이게 되었을 때 펼쳐질 복합적인 도시풍경을 상상해 본다.

### 물리적 단지 디자인이 아닌 커뮤니티 디자인

개발사업은 보통 부동산의 물리적 가치에 주목한다. 이를 통해 건물은 하나의 상품처럼 취급되어 모두의 입맛을 보통 수준으로 맞추는, 천편일률적인 도시풍경을 만들게 된다. 이때 물리적 환경이 아닌 지역 커뮤니티, 삶의 양식에 대한 디자인을 제안한다. 이러한 접근법을 통해 각 영역은 고유의 지역 문화를 만들게 될 것이고, 이는 서로서로 구분되는 도시풍경으로 표현되어 새로운 장소성이 탄생하는 시작점이 될 수 있다.

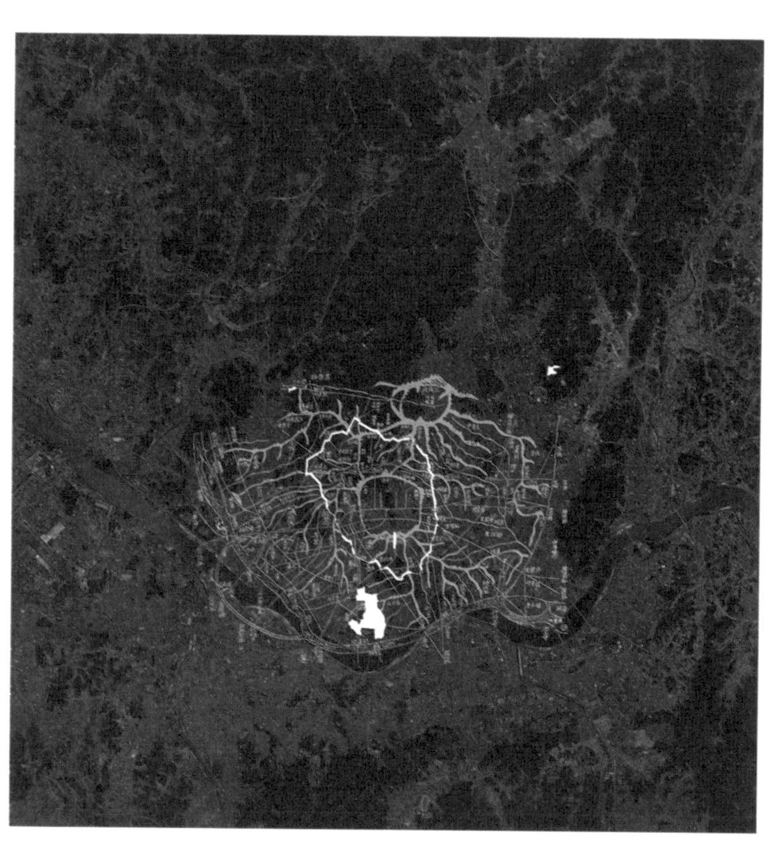

### 메타시티: "서울: 메타시티를 향해" 전시, 2014

서울은 600년이 넘는 역사도시이며 수려한 자연환경을 지닌 아름다운 도시이다. 그러나 무분별한 도시 개발로 인해 서울의 고유성과 아름다움을 상당히 잃고 말았다.

다시 메가시티의 바람이 불고 있다. 이제 새로운 가치를 표방하면서 도시구조에 대한 새로운 비전을 제시해야 할 때다. 2014년 독일 아에데스(Aedes) 갤러리에서 열린 "서울: 메타시티를 향해(Seoul: Towards a Meta-City)"라는 전시를 총감독했다. 서울의 도시구조에 대한 새로운 비전과 정책을 소개하고 서울의 정체성 회복을 위한 전시였다.

"이제는 더 이상 성장과 팽창의 메트로폴리스가 아닌 재생과 변화, 연대와 공존을 모색하는 메타시티로서의 서울을 추구해 나아가야 한다"는 선언을 했다. 현재와 과거가 공존하는 기억의 장치로서의 서울을 보여주자는 취지이다.

### 서울 한양도성

서울 한양도성은 600년 역사를 지닌 서울의 도시 유산으로, 2012년 유네스코 세계유산 잠정 목록에 등록되었다. 서울 한양도성은 자연지형과 일체화된 형태를 갖고 있는 도시 유산으로, 그 보존과 전승을 위한 보호 관리 계획이 수립된 바 있다. 여기에 함께 소개된 프로젝트들은, 한양도성 보호 원칙을 기반으로 진행되고 있는 서울 한양도성의 과학적 보존과 창의적 개입을 한 사례에 해당한다.

SEOUL:
TOWARDS A META-CITY
: Towards a Meta-City
rban Projects in Seoul
©OCA


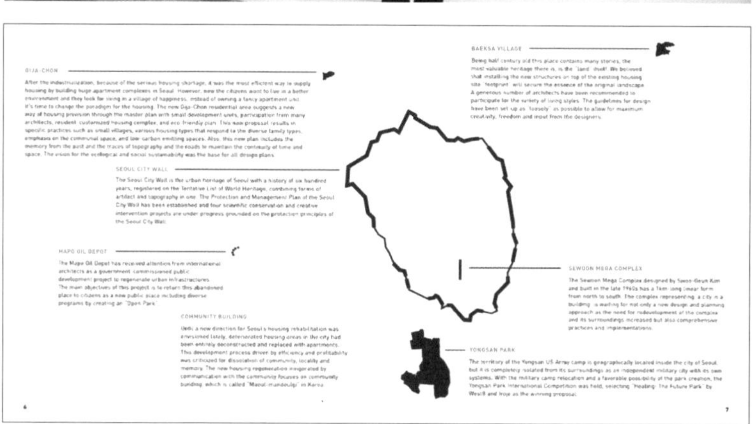

GIJA-CHON
After the industrialization, because of the serious housing shortage, it was the most efficient way to supply housing by building huge apartment complexes in Seoul. However, now the citizens want to live in a better environment and they look for living in a village of happiness, instead of owning a fancy apartment unit. It's time to change the paradigm for the housing. The new Gija-Chon residential area suggests a new way of housing provision through the master plan with small development units, participation from many architects, resident-customized housing complex, and eco-friendly plan. This new proposal results in specific practices such as small villages, various housing types that respond to the diverse family types, emphasis on the communal space, and low-carbon emitting spaces. Also, this new plan includes the memory from the past and the traces of topography and the roads to maintain the continuity of time and space. The vision for the ecological and social sustainability was the base for all design plans.
SEOUL CITY WALL
The Seoul City Wall is the urban heritage of Seoul with a history of six hundred years, registered on the Tentative List of World Heritage, combining forms of artifact and topography in one. The Protection and Management Plan of the Seoul City Wall has been established and four scientific conservation and creative intervention projects are under progress grounded on the protection principles of the Seoul City Wall.
MAPO OIL DEPOT
The Mapo Oil Depot has received attention from international architects as a government-commissioned public development project to regenerate urban infrastructures. The main objectives of this project is to return this abandoned place to citizens as a new public place including diverse programs by creating an "Open Park".
COMMUNITY BUILDING
Until a new direction for Seoul's housing rehabilitation was envisioned lately, deteriorated housing areas in the city had been entirely deconstructed and replaced with apartments. This development process driven by efficiency and profitability was criticized for dissolution of community, locality and memory. The new housing regeneration invigorated by communication with the community focuses on community building, which is called "Maeul-mandeulgi" in Korea.
BAEKSA VILLAGE
Being half century old this place contains many stories, the most valuable heritage there is, is the "land" itself. We believed that installing the new structures on top of the existing housing site "footprint" will secure the essence of the original landscape. A generous number of architects have been recommended to participate for the variety of living styles. The guidelines for design have been set up as "loosely" as possible to allow for maximum creativity, freedom and input from the designers.
SEWOON MEGA COMPLEX
The Sewoon Mega Complex designed by Swoo-Geun Kim and built in the late 1960s has a 1km-long linear form from north to south. The complex representing "a city in a building" is waiting for not only a new design and planning approach as the need for redevelopment of the complex and its surroundings increased but also comprehensive practices and implementations.
YONGSAN PARK
The territory of the Yongsan US Army camp is geographically located inside the city of Seoul, but it is completely isolated from its surroundings as an independent military city with its own systems. With the military camp relocation and a favorable possibility of the park creation, the Yongsan Park International Competition was held, selecting "Healing: The Future Park" by West8 and Iroje as the winning proposal.
6
7

### 백사마을 주거지 보전 프로젝트

노후화된 주거지를 철거하고 고층 아파트 건설 위주의 재개발 방식의 대안으로 오래된 동네의 풍경을 “집터”의 보전을 통해서 지켜내려는 새로운 시도이다. 우리가 선택한 가장 중요한 가치를 지닌 기억의 대상은 “집터”다. 이 “집터”가 가진 물리적 조건이 새롭게 마을을 채울 건축물과 구조물의 조건이 된다는 것은 바로 이곳에 본래 있었던 거주 풍경의 개념을 지속시킬 수 있다는 신념에서 출발한다. 우리는 대면 공동체를 추동해 온 건축적 장치인 골목길, 시장길, 우물, 평상, 빈집, 텃밭 등을 면밀하게 조사, 분석하여 이런 장치들이 사적 소유에서 해방됨을 전제로 보전하고 강화했으며, 서로 다른 형식의 주거들이 실현되어 다양한 형식의 삶이 가능해지도록 다수의 건축가가 참여하도록 권고했다.

### 근대화의 결과물을 재생하려는 다양한 모색

근대화 과정의 결과로 탄생되어 이미 우리에게 익숙해져 버린 세운상가, 용산미군기지, 마포석유비축기지 등을 재생하려는 다양한 모색과 전략을 전시하였다.

### 기자촌 임대주택단지 프로젝트

산업화가 시작된 이래 도시의 주택 부족이 심각했던 서울은 대규모 아파트 단지개발 방식으로 주택공급을 해왔다. 그러나 지금 우리는 좋은 아파트 유니트에 사는 것에 만족하지 않고 좋은 환경과 행복한 마을에 거주하고 싶어 한다. 주택공급 방식의 새로운 패러다임이 필요해진 것이다. 기자촌 주택단지는 마스터플랜을 통해 작은 단위의 개

©OCA

©OCA

©OCA

발, 다수 건축가의 참여, 거주자 맞춤형 주거단지, 친환경계획을 포함하는 새로운 주택공급의 방향을 제시한다. 작은 마을, 다양한 가족 유형에 대응하는 주거형식, 공용공간의 강조, 저탄소 배출 공간이라는 구체적 실천으로 이어진다. 또한 이 대지가 갖고 있는 과거의 기억, 지형과 도로의 흔적을 새로운 마을에 담아내어 시간적, 공간적 연속성을 유지하도록 했다. 환경적 지속가능성, 사회적 지속가능성에 대한 비전이 모든 계획의 바탕이 되었다.

**마을 만들기**

그동안 서울의 노후화된 주거지들은 대부분 완전히 철거된 후 고층 아파트 위주로 재개발되어 왔다. 아파트 위주의 재개발은 사업 진행이 효율적이고 자본 흐름이 용이하기 때문에 선택된 방식이었지만, 원주민의 재정착이 힘들고 공동체가 붕괴되며 지역성과 기억이 상실된다는 문제점을 안고 있었다. 서울시는 이러한 문제점을 인지하여 기존 재개발 방식의 대안으로서, '거주민을 위한' 주택 재개발 정책으로의 전환을 시도하고 있다. 새로운 사업은 물리적 환경 재생 못지않게 사회적 관계의 재생에도 중요한 비중을 두고 있다.

당시 썼던 전시 소개문을 다시 옮겨 보았다. 전시가 열린 지 10년이 지난 지금 새삼스럽게 메타시티의 정신을 떠올리게 된다.

사이판 마하가나 섬에서 탄소중립도시를 배운다.

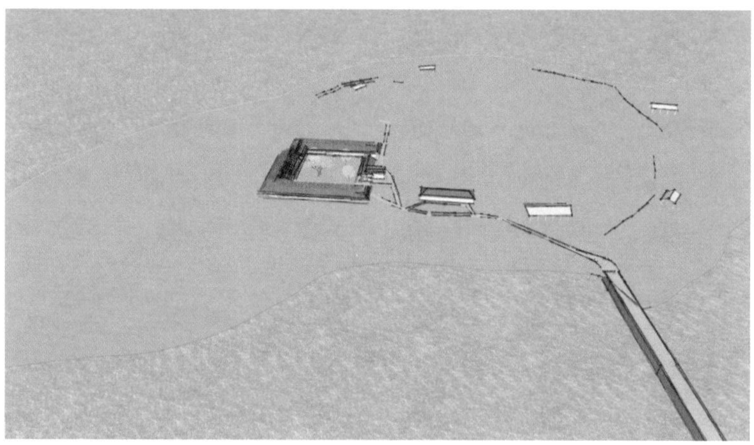

## 탄소중립도시: 사이판 마하가나 섬(Mahagana)의 재구조화 작업, 2023

우리는 생태도시, 지속가능도시, 저탄소 녹색도시 등 도시공간에서 발생하고 있는 환경문제 해결을 위해 다양한 시도를 해왔다. 하지만 구체적 목표와 계획이 매우 미흡하다는 지적이 이어져 왔다. 우리나라는 2050년까지 국가의 탄소중립을 목표로 하고 있으며, 10대 과제 중 하나로 도시와 국토의 저탄소화를 선정해 추진하고 있다.

### 탄소공간지도

탄소중립도시는 도시의 공간구조, 교통체계, 기반 시설, 공원·녹지 등을 효율적·친환경적으로 구성해 탄소배출은 줄이고, 흡수량은 늘려 도시 내에서 발생하는 순탄소배출량 0을 달성하는 도시이다.

2023년 6월 30일 국토교통부는 도시 활동으로 발생하는 부문별(건물, 수송, 토지이용) 탄소배출량과 도시 탄소흡수원의 흡수량을 공간 단위 기반(격자, 행정구역 단위 등)으로 시각화한 '탄소공간지도'를 구축했다. 이 지도를 기반으로 탄소배출이 적은 압축적(compact) 공간구조, 탄소흡수원 확충을 위한 공원입지 결정, 도로 탄소배출량 감축을 위한 대중교통 노선 신설 등 데이터 기반 도시계획이 수립될 것으로 전망된다.

### 탄소중립 전략

탄소중립을 달성하기 위해서는 탄소흡수 확대와 탄소 배출량 감축의 두 가지 전략이 모두 필요하다. 탄소흡수 전략으로는 도시 내 공원녹지 확대와 같은 방법이 있다. 탄소 배출량 감축 전략으로는 도시적 스

탄소 중립도시를 위한 도시계획 전략들

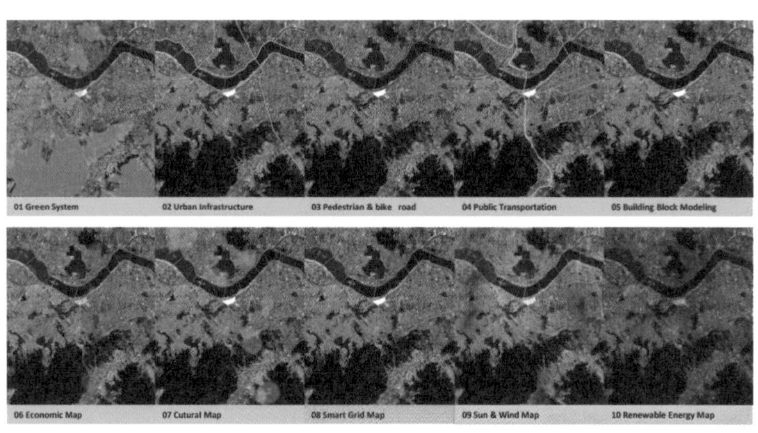
01 Green System
02 Urban Infrastructure
03 Pedestrian & bike road
04 Public Transportation
05 Building Block Modeling
06 Economic Map
07 Cutural Map
08 Smart Grid Map
09 Sun & Wind Map
10 Renewable Energy Map

케일, 건축적 스케일, 그리고 일상생활의 실천으로 나눌 수 있다. 도시적 스케일의 전략으로는 압축적 공간구조, 교통체계와 건물 에너지의 효율화 등이 있고, 건축적 스케일의 전략으로는 신재생에너지의 확대, 분산형 에너지 시스템, 바람길 적용이 있다. 마지막으로 일상생활의 실천 전략으로 자원 재활용 및 폐기물 감소 등의 방법이 있다.

스웨덴 왕립공대(KTH)와 미국 매사추세츠공대(MIT) 연구팀은 도시 녹지 같은 '자연 기반 솔루션(NBS)'을 통해 탄소를 흡수함으로써 도시 탄소배출을 최대 25%를 줄일 수 있다는 발표를 했다. 2013년 유럽연합집행위원회에서 NBS에 관심이 높아지면서 점점 더 주류 국가 및 국제 정책 및 프로그램에 적용하고 있다. NBS의 다섯 가지 방안은, 도시숲 같은 녹색 인프라, 가로수 같은 거리 조경, 공원 같은 녹색 공간 및 도시농업, 그린벨트 같은 보존지역, 옥상정원 등이다.

## 마하가나 섬 재구조화 사업의 교훈

2023년부터 사이판의 주요 휴양지인 마하가나 섬의 재구조화 작업을 진행하고 있다. 처음 현장을 방문해 작은 휴양지가 작동되는 시스템을 보고 '이런 도시가 탄소중립도시이구나' 생각을 하게 되었다.

마하가나 섬은 섬 둘레가 1.5km밖에 되지 않는 작은 섬이다. 이 섬에는 자동차가 없어 원천적으로 자동차의 탄소배출은 없다. 필요한 물은 RO(역삼투압) 시스템을 이용하여 바닷물을 정수해서 사용하고 오·배수는 철저하게 정화조에 모아서 정수처리하고 처리된 물은 내·소변기용 물로 재사용된다. 쓰레기는 자체 처리시설이 없어 전량 사이판 섬으로 배출된다. 결국 탄소는 RO 시스템과 정화조 시스템을 돌리는 발전기에서 배출되는 것 이외에는 없다.

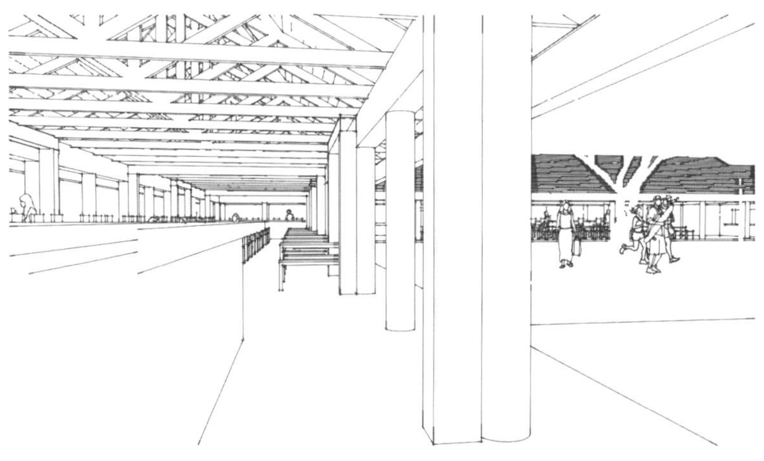

건축가로서 도시적, 건축적 스케일의 전략을 꾸준히 실천하고 있고 일상생활에서 텀블러와 유리컵을 사용함으로써 일회용 컵의 사용을 줄이려고 노력하고 있다. 일반 건축물이나 아파트 단지를 설계할 때 항상 마하가나 섬의 교훈을 염두에 두고 탄소중립도시를 만들기 위하여 노력할 것이다.

# 공공성의 풍경을 잇다

---

실천1: 2019 서울도시건축비엔날레

실천2: 공공성 지수와 공공성 지도

실천3: 공공성의 풍경을 잇는 서리풀 수장고, 2023

# 공공성의 풍경을 잇는 실천

2019 서울도시건축비엔날레의 실천

⇩

공공성지수와 공공성지도

⇩

서리풀 개방형 수장고

⇩

향후 모든 프로젝트에서
공공성의 풍경을 잇는다.

# 공공성의 풍경을 잇다

앞에서 새로운 풍경, 열린 풍경 그리고 공공성의 풍경이 모여서 도시의 풍경이 만들어진다고 역설하였다. 만약 이러한 풍경들을 잇는 노력이 더해진다면 우리 도시풍경은 한결 더 풍요로워질 것이다.

풍요로운 도시풍경을 만들기 위해서는 입체적이고 지속적인 전략이 필요하다. 도시풍경을 하나의 전략으로 만들 수는 없다. 무모한 짓이다. 한때는 가능하다고 생각하기도 했다. 바로 근대의 기능주의적 도시계획 전략이다. 이제 이 전략은 폐기 처분해야 한다.

풍요로운 도시풍경을 만들기 위해서 공공과 민간이 같이 노력하여야 한다. 공공은 좀더 광역적이고 거시적인 전략으로 접근하여야 한다. 민간은 공공이익과 사업성을 동시에 만족시킬 수 있는 창의적인 전략이 필요하다.

나와 OCA는 2019 서울도시건축비엔날레의 정신인 공공성의 풍경 잇기를 실천하기 위해 최선을 다하고 있다. 모든 프로젝트를 진행하면서 공공성 지수와 공공성 지도를 작성하고 프로젝트의 공공성을 꼼꼼하게 확인하고 있다. 서리풀 개방형 수장고는 공공성의 풍경을 잇는 실천의 결정판이라고 볼 수 있다.

공공성의 풍경을 잇다.
2019 서울도시건축비엔날레의 상징적 사진이다.
사람들이 세운상가와 종묘광장 공간을 잇고
역사와 시간을 잇고 있다.

©나르실리온(Narsilion), 김용순

## 실천1: 2019 서울도시건축비엔날레

### 집합도시: 함께 만들고 함께 누리는 도시

2011년 요코하마에서 "한일 현대건축 교류" 전, 2014년 베를린에서 "서울: 메타시티를 향해(Seoul: Towards a Meta-city)" 전의 커미셔너를 맡으면서 건축과 도시 문제를 풀기 위해 다른 나라들과 소통하며 교류하는 것이 중요하다는 사실을 깨닫게 되었다. 이후 건축을 도시의 영역으로 확장해 보려는 시도로 모든 프로젝트를 공공성의 풍경을 이어가는 프로세스로 인식하려는 노력을 꾸준히 하고 있었다. 그러던 차에 2017년에 비엔날레 총감독을 맡아달라는 제안을 받게 되었고 잘해보고 싶다는 생각이 들었다.

2019 서울도시건축비엔날레는 두 번째라서 야심차게 시작된 비엔날레를 국내외에 알리고 새로운 위상을 적립해야 한다는 부담이 있기도 했다. 결국 개인적으로는 관심두고 추구하던 '공공성의 풍경을 잇는 작업의 실천'의 일환으로 총감독직을 수락했다.

2017 서울도시건축비엔날레 백서에 보면 다음과 같은 추진 배경이 나온다.

> 지금 우리는 급속한 성장과 무분별한 도시 개발의 시대를 지나 느리지만 지속적인 성장의 시대, 포용적인 도시 재생이 필요한 시대로 접어들고 있다. 여전히 대량 공급되는 부동산 개발에 대한 요구와 수요가 있지만 동시에 각자의 다른 삶을 반영하는 공간, 동네 건축에 대한 관심도 증가하고 있다.
> 이러한 전환과 가치 공존의 시대에 우리는 도시에 대한 근본적인 질문들을 대면한다.

©김태동

도시를 어떻게 이해해야 하는가?
지금 도시에 필요한 철학과 접근 방법은 무엇인가?
도시를 만들어가는 과정에서 고려하고 꼭 기억해야 하는 것들은 무엇인가? 등이 그것이다.
서울도시건축비엔날레는 이러한 질문들에 대한 우리식의 관점과 답을 찾아가고자 한다. 서울비엔날레 안에서 서울과 세계도시, 시민, 전문가와 행정기관, 도시건축분야 및 다른 여러 분야와 함께 논의하고 제안하면서 새로운 도시건축 패러다임에 대한 논의와 공유를 시작하고자 한다.

2015년에 서울도시건축비엔날레 추진 준비위원회가 만들어졌으니 벌써 10년이 지났다. 물론 건축과 도시를 나누어 생각할 순 없지만 도시건축비엔날레를 주창하면서 당시 이미 바닥을 보이기 시작한 무수한 건축비엔날레의 한계를 뛰어넘으려는 시도는 탁월한 선택이었다. 지금까지도 도시건축비엔날레로 열리는 비엔날레는 2017년 시작한 서울도시건축비엔날레와 2005년 시작한 홍콩-심천 도시건축비엔날레뿐이다.

## 2019 서울도시건축비엔날레의 목표

당시 총감독을 같이 맡았던 시라큐스 대학의 프란시스코 사닌(Francisco Sanin) 교수와 함께 세 가지 목표를 세웠다.

첫째, 서울도시건축비엔날레가 유럽과 북미는 물론 남미, 아프리카, 아시아 그리고 오세아니아의 도시들을 대거 포함하는 진정한 의미의 글로벌 플랫폼이 되도록 한다.

둘째, 시민들이 도시의 문제를 쉽게 이해하고 도시를 만드는 과

I·SEOUL·U
서울특별시
2019
함께
만들고
집합
도시
9.7.-
11.10.
COLLECTIVE
CITY
총감독
임재용,
프란시스코 사닌
Directors
Jae Yong Lim,
Francisco
Sanin
함께
누리는
도시
SEOUL BIENNALE
OF ARCHITECTURE
AND URBANISM
서울도시건축
비엔날레
Dongdaemun Design Plaza
(DDP), Donuimun Museum
Village, Seoul Hall of
Urbanism & Architecture


ⓒ홍은주×김형재

정에 자연스럽게 참여하게 하는 소통의 플랫폼이 되게 한다.

셋째, 서울도시건축비엔날레가 일회성 행사로 그치지 않고 지식과 정보가 쌓이는 지속 가능한 시스템이 되고 나아가 도시 및 건축의 정책을 입안하는 중요한 수단이 되게 한다.

우리가 세운 목표는 성과를 거두었다. 전 세계 90여 개의 도시에서 160개 팀이 참여하였고 유럽과 북미 그리고 나머지 대륙의 참여자 비율도 거의 50:50에 이르러 명실상부 글로벌 플랫폼이 되었다.

시민과 소통하는 방식에 관해서도 다양한 실험을 했다. 관람객들이 피동적으로 전시를 관람하는 것이 아니고 전시에 참여해 도시 문제에 관심 가지게 하고 더 나아가서는 시민들이 도시를 만드는 과정에 자연스럽게 참여할 수 있는 여러 장치를 마련했다.

대표적인 사례로 시민 사진 및 영상 공모전이 있다. 서울에서 가장 좋아하는 공공공간의 사진이나 동영상을 찍어서 응모하게 했는데 사진 1,519장과 동영상 100편이 접수했다. 당선작은 시민들의 투표로 선정했다. 접수된 작품에서 시민들이 규정하는 집합도시의 한 단면을 볼 수 있다. 이는 집합도시의 부제인 "함께 만들고 함께 누리는 도시"에서 함께 누리는 도시를 가능하게 하는 공공공간의 영역 가운데 교통 및 문화 인프라가 중요한 부분을 차지한다는 것을 확인한 셈이다. 시민 공모전을 통해서 서울도시건축비엔날레가 시민의 소리를 듣고 그것을 반영하는 중요한 정책적 수단이 될 수 있다는 가능성을 확인할 수 있었다.

2019
서울도시건축비엔날레
SEOUL BIENNALE
OF ARCHITECTURE
AND URBANISM
9.7.-11.10.
집합도시
COLLECTIVE
CITY
주제전
THEMATIC
EXHIBITION

© 김태동

© 김태동

© 김태동

## 2019 서울도시건축비엔날레의 성과

2019 서울도시건축비엔날레는 "집합도시"라는 주제를 내걸고 세계 각국의 도시에 다음과 같은 몇 가지 질문을 던지면서 소통의 장으로 초대했다.

1. 오늘날 도시를 인간중심의 집합체로 회복시키는 것은 무엇을 의미하는가?
2. 도시를 만드는 과정에서 새로운 유형의 집합체는 가능한가? 그 집합체에서 정부·지자체, 학계와 전문가 집단, 그리고 시민의 역할은 각각 무엇인가?
3. 시민이 도시를 공평하게 누리게 하는 전략은 무엇인가?
4. 함께 만들고 함께 누리는 집합도시의 새로운 유형은 무엇인가?

세계 각국의 참여자들이 집합도시에 대한 다양한 해석과 해법을 내어놓았다. 참여 작품들을 내용적으로 분류해 보면 새로운 주거의 집합유형 및 전략, 디지털 시대의 도시전략, 도시를 만드는 새로운 유형의 집합체, 난민, 이민자, 인종 갈등의 해법들, 새로운 유형의 도시개발 전략, 시민이 도시를 공평하게 누리는 새로운 방식, 다양한 기후변화 및 환경문제에 대한 대응책, 새로운 유형의 집합 공간, 도시를 바라보는 인식의 전환, 도시에서 물질과 생산의 문제, 새로운 유형의 교통 인프라 등으로 정리될 수 있다.

세계 각국의 참여자들이 주제전, 도시전, 글로벌 스튜디오를 통해 제시한 새로운 집합유형들은 다음과 같다.

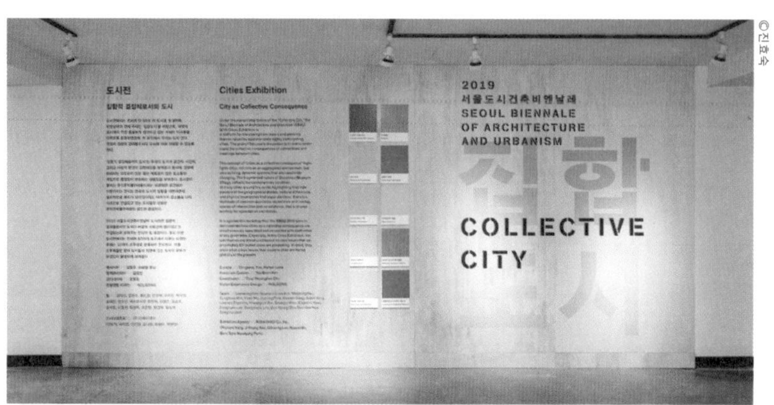

©진효숙

©김태운

©나르실리오, 김용순

©나르실리오, 김용순

©진효숙

| 새로운 집합유형 | 주제전 | 도시전 | 글로벌 스튜디오 |
| --- | --- | --- | --- |
| 새로운 주거 집합유형 및 전략 | 8 | 6 | 4 |
| 디지털 시대의 도시전략 | 3 | 3 | 2 |
| 도시를 만드는 새로운 유형의 집합체 | 7 | 11 | 3 |
| 난민, 이민자 및 인종 갈등 문제의 집합적 해법 | 3 | 1 | 1 |
| 새로운 유형의 도시개발전략 | 7 | 20 | 8 |
| 시민이 도시를 공평하게 누리는 새로운 방식 | 3 | 1 | 0 |
| 다양한 기후변화와 환경 문제에 대한 대응책 | 2 | 4 | 1 |
| 새로운 유형의 집합 공간 | 6 | 12 | 6 |
| 도시를 바라보는 인식의 전환(리서치 프로젝트 등) | 5 | 15 | 7 |
| 도시에서 물질 및 생산에 관한 문제 | 3 | 5 | 1 |
| 새로운 유형의 교통 인프라 | 0 | 2 | 1 |

참여자들은 도시를 만드는 새로운 유형의 집합체에 관련해서 21개 작품을 출품했는데 도시를 만드는 주체가 기존의 정부주도형 톱다운 방식이 아니라 정부, 학계와 전문가, 시민이 협력하는 새로운 유형의 집합체가 주체가 되어야 한다고 주장한다. 함께 만들고 함께 누리는 도시를 부제로 하는 비엔날레의 취지와도 일치하는 부분이다. 다양한 주거유형과 개발방식에 대해서 18팀이 작품을 제출하였고 급변하는 거주환경에 대처하는 참신하고 적용가능한 아이디어가 많았다. 모든 도시가 처한 상황과 환경이 다르다. 35개 팀이 각 도시에 적합한 다양한 유형의 도시개발전략을 소개하여 주었다. 24개 팀이 새로운 유형의 공공공간 또는 집합 공간을 제안해서 시민들이 공평하게 누리는 도시의 풍경을 상상하게 해 주었다. 이외에도 다양한 참여자

©나르실리오, 김용순

©나르실리오, 김용순

©나르실리오, 김용순

©진효숙

들이 도시 문제를 새로운 시각으로 접근하는 전략, 난민과 이민자를 위한 집합적 해법, 기후변화와 환경문제, 새로운 교통 인프라 구축, 디지털 시대의 도시전략 등 도시 문제를 입체적으로 바라볼 수 있는 훌륭한 작품들을 선보였다.

이제 우리는 이러한 소중한 정보들을 더욱 깊이 들여다보고 각각의 도시에 적합한 사례와 전략들을 발굴하여 각 도시의 상황에 맞는 새로운 집합적 전략으로 재탄생 시켜야 할 것이다.

### 2019 서울도시건축비엔날레의 실천: 공공성의 풍경 잇기

2019 서울도시건축비엔날레가 남긴 교훈은 아무리 규모가 작고 도시적인 맥락을 잡기 힘든 프로젝트라도 모든 프로젝트를 공공성의 풍경을 잇는 작업으로 보아야 한다는 것이다. 건축가는 자신의 작업을 통해 어떠한 모습이라도 도시의 풍경에 흔적을 남기게 된다. 그 흔적이 공공성의 풍경을 끊어내는 것이 아니라 공공성의 풍경을 이어 나가야 하지 않을까 한다.

"공공성의 풍경을 잇다"

이것이 앞으로 나아갈 방향이다.

공공성지수와 공공성 지도는
공공성의 풍경을 잇는 작업의 견인차 역할을 한다.

©남궁선

©노경

©남궁선

©신경섭

## 실천2: 공공성 지수와 공공성 지도

### 공공성의 딜레마

도시에서 공공성은 공유와 공존의 가치가 공간에서 실현되는 것을 의미한다. 도시공간은 크게 사적 영역과 공적 영역으로 나뉜다.

일반적으로 도시의 공공성을 확보하기 힘든 이유는 사적 영역은 철저하게 경제 논리에 따라 공간을 디자인하고 사용하기 때문이다. 공적 영역 역시 극단의 이기주의(?)로 자신들만 사용할 수 있는 공간 확보에 혈안이 되어 공공성의 풍경을 만드는 데 크게 도움이 되지 않는다는 견해도 있다. 역설적으로 사적 영역은 그것이 경제적 이윤 추구에 도움이 된다면 자기의 사적 영역을 공공에 과감히 연다. 따라서 도시의 공공성을 회복하기 위해서는 사적 영역은 물론 공적 영역도 새로운 패러다임을 가지고 창의적으로 접근해야 한다.

프로젝트를 시작하면서 "이번 프로젝트에서는 어떠한 공공성의 풍경을 만들 수 있을까?"라는 질문을 먼저 해본다. 도시의 공공성 확보를 위해 자발적으로 자기 땅을 내어놓을 건축주는 없다. 결국 공공성의 풍경을 위하여 건축주를 설득하려면 건축의 공공성을 확보하면서 덕분에 주어지는 여러 가지 인센티브로 프로젝트의 사업성을 더 높일 수 있는 창의적인 전략이 필요하다.

OCA는 설계 초기 콘셉트 단계에서 창의적 전략의 모색에 많은 시간을 할애하고 있다. 또한 공공성 지수라는 개념을 확립해 적용하고 있으며 프로젝트마다 공공성 지도를 만들어 도시적 차원에서 공공성을 확보하려고 노력하고 있다.

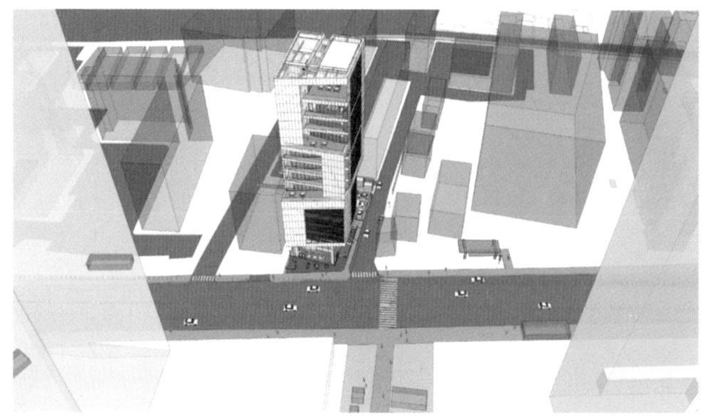

클리오 사옥 전면 공개공지

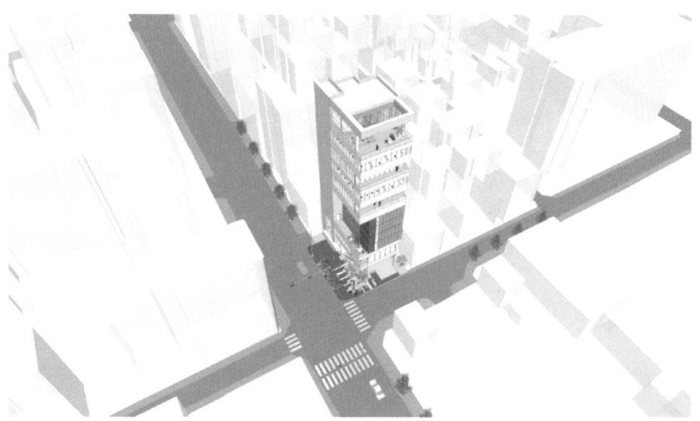

이노트리 사옥 전면 공개공지

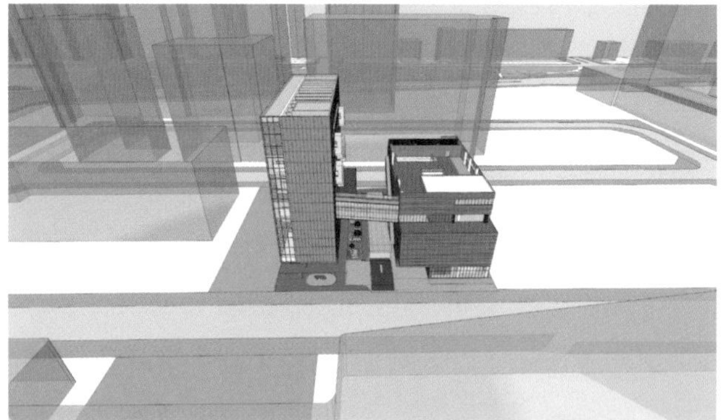

YG-1 사옥 전면 공개공지

**공공성 지수(IP: Index of Publicness)**

민간 영역에서 건축의 공공성에 기여도를 계량화할 수 있다면 건축의 공공성을 평가하는 지표로 삼을 수 있겠다는 생각을 했다.

$$\text{공공성 지수(IP)} = \frac{\text{자발적 공개공지 면적}}{\text{대지 면적}} \times 100$$

공공성 지수는 자발적 공개공지 면적이 없을 때 0이고 대지 전체를 공개공지로 내놓았을 때 100이다. 따라서 공공성 지수(IP)는 0 ≤ IP ≤ 100이다.

건축의 공공성에 대한 관심은 사실 2019 서울도시건축비엔날레 이전부터 꾸준하게 작업의 중심에 있었다. 총감독으로서 비엔날레를 준비하면서 또 세계 여러 도시와 공공성 확보에 대한 토론과 교류를 하면서 건축의 공공성에 대한 생각이 더 공고해졌다.

| | 공공성 지수(IP) | 대지면적 ($m^2$) | 자발적 공개공지 면적 ($m^2$) |
|---|---|---|---|
| 클리오 사옥 | 10.05 | 989.00 | 99.43 |
| YG-1 사옥 | 16.08 | 4,621.70 | 743.36 |
| 이노트리 사옥 | 20.70 | 431.50 | 89.31 |

건축의 공공성 확보를 위해 열심히 노력한 결과 '클리오 사옥'이 2020년 서울시건축상 대상을, 'YG-1 사옥'은 2021 한국건축문화대상 대상을 수상했다. 2024년 11월 현재 공사중인 '이노트리 사옥'도 비록 작은 건물이긴 하지만 건축의 공공성 확보를 위해 노력한 건물이다. 건물이 완성되면 주변에 건축의 공공성이 프로젝트의 사업성도 높이고 여러 사람에게 사회적 이익을 나눌 수 있다는 것이 증명될 것으로

## 공공성 지도

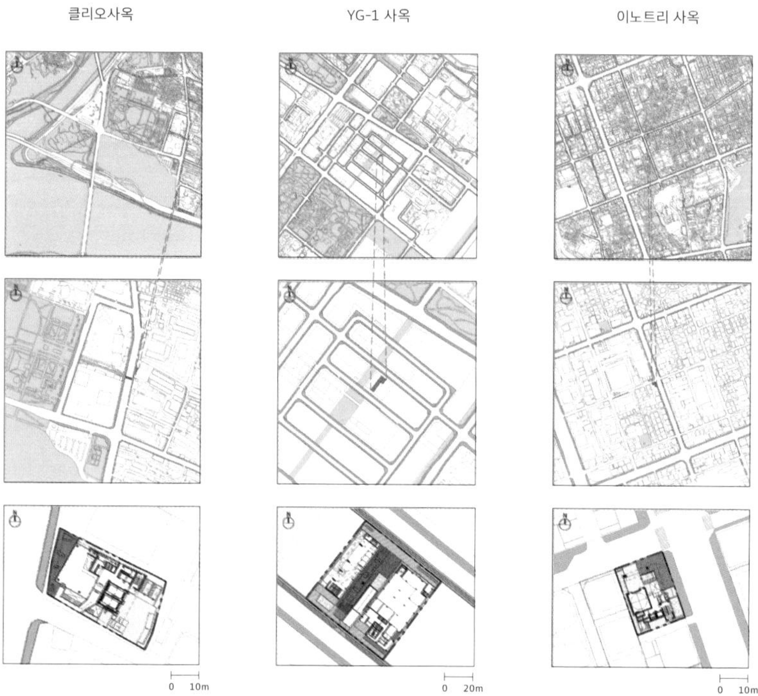

기대하고 있다.

## 공공성 지도

건축의 공공성은 공공성 지도를 채움으로써 비로소 확인될 수 있다. 공공성 지도는 공공과 민간에서 지금까지 공급한 공개공지와 보행 공간을 대상으로 분포 현황과 연계 현황을 파악할 수 있는 지도를 말한다. 프로젝트의 시작 단계에서 주변의 공공성 지도를 작성해 주변의 공개공지나 보행 공간의 흐름을 파악하고 대지가 공공성의 흐름을 잘 이어가도록 공공성 지도를 완성한다. 공개공지나 보행 공간은 편의성, 다양성, 접근성을 고려해 세심하게 설계되어야 한다.

클리오 사옥은 앞으로 다양하게 확장될 보행 공간의 중심에 있다. 수인분당선 서울숲역 1번과 2번 출구 사이에 있다. 서울숲과 왕십리로를 연결해주는 창조적 공익문화공간인 언더스탠드애비뉴와 왕십리로를 사이에 두고 접하고 있다. 이러한 보행 공간의 요지에 법적으로 요구되는 공개공지를 포함해 추가로 공개공지를 확보하고 지하층으로 연결되는 성큰 가든을 설치해 건물의 전면이 보행 공간의 중심이 되도록 설계했다.

YG-1 사옥에서는 대지를 남북으로 가로지르는 보행통로를 설치해 주변 사람들이 쉽게 이동할 수 있도록 했다.

이노트리 사옥의 대지는 보행 공간이 열악한 강남 역삼동의 사거리에 자리한다. 공공성 지도에 표기할 보행 공간이 거의 전무한 상태였다. 비록 작은 대지이긴 하지만 사거리 코너 부분에 공개공지를 두어 열악한 보행 공간에 숨통을 터줄 공간을 마련했다.

비움으로 채워지는 도시 풍경.

공공건물은 시민의 세금으로 짓는다.
따라서 지상층만이라도 최대한 비워서
일반 시민에게 돌려주어야만 한다.

## 실천3: 공공성의 풍경을 잇는 서리풀 수장고, 2023

공공성의 풍경에 대한 집중적인 작업을 할 수 있는 좋은 기회가 있었다. 서울시에서 서울 도심지에 새로운 개념의 열린 수장고를 짓기 위해 해외건축가 4명과 국내 건축가 3명을 초대해서 지명현상설계를 진행했다. 참여 건축가는 노먼 포스터 팀(Foster + Partners), 헤르조그 앤 드뫼롱(Herzog & de Meuron), MVRDV, 3XN, 조민석, 유현준 그리고 임재용이었다. 당선작은 헤르조그 팀의 안이었다. 심사위원들의 의견은 존중하나 개인적으로 동의하기 어려운 결과였다.

OCA는 공공성의 풍경 만들기 위해서 네 가지 전략을 세웠다.

1. 연결의 매개체
2. 비움으로써 채워지는 도시풍경
3. 새로운 패러다임의 개방형 수장고
4. 탄소 중립 도시를 위한 지속가능한 건축

전략1과 2는 3차 풍경에 관한 것이고 전략3은 2차 풍경에 관한 것이다. 네 가지 전략을 결합해 공공성의 풍경을 완성했다.

### 연결의 매개체

프로젝트는 "대지가 어떤 가능성을 이야기하나?"라는 질문에서 출발한다. 해답은 항상 현장에 있기 때문이다.

대지는 서리풀공원과 도시가 만나는 접점이다. 도시(서초역)에서 출발해 대지를 지나 서리풀공원을 걷고 다시 대지로 돌아와 도시

입면에 적용된 친환경 마감재

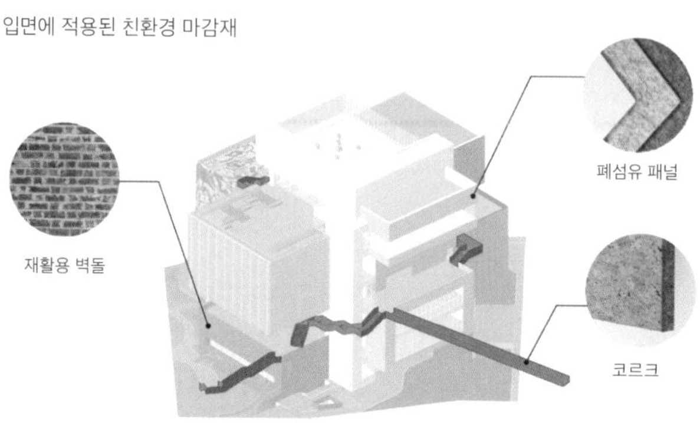

로 가는 산책을 수차례 반복한 끝에 이번 개방형 수장고는 마치 산책하듯이 하면 좋겠다는 생각을 했다. 개방형 수장고를 찾는다는 것은 곧 문화의 산책을 의미하기 때문이다.

서리풀 개방형 수장고는 자연의 산책과 도시의 산책을 이어주는 연결의 매개체가 될 것이다. 서리풀 수장고는 수장고가 열린 시간대가 아니어도 도로에서 산책하듯 관람할 수 있는 부분이 있고 열린 테라스에 전시되어 있는 전시물은 1년 내내 관람이 가능하다. 결국 서리풀 수장고는 산책이 일상이 되는 열린 수장고가 되는 셈이다.

### 비움으로써 채워지는 도시풍경

비움으로써 만들어진 다양한 테라스 공간들은 시민에 의해 채워지고 그 채워진 모습들이 풍성한 도시풍경을 만든다. 열린 수장고는 오브제를 통해서 구현되는 일반적인 랜드마크가 아니라 새로운 개념의 랜드마크로 비움을 통해 채워지는 도시의 풍경이다.

### 새로운 패러다임의 개방형 수장고

열린 수장고라는 개념 자체가 새로운 것인데 산책하듯이 관람하는 수장고는 새로운 패러다임의 열린 수장고가 될 것이다. 열린 수장고의 관람은 건물 밖 인도에서 시작된다. 건물 안으로 들어오지 않아도 길을 걷는 시민들이 관람할 수 있는 그야말로 도시로 열린 수장고가 될 것이다. 수장고 내부에서 마치 자연을 산책하듯이 구현되는 열린 수장고의 관람 동선은 다양한 외부 테라스를 만나게 되고 테라스에서 진행되는 다양한 프로그램과 주변 도시 경관을 만나게 된다. 내부와 외부가 하나가 되는 새로운 패러다임의 개방형 수장고이다.

비워진 공간들은 모두 시민들의 일상이 되어 도시 풍경을 채운다.

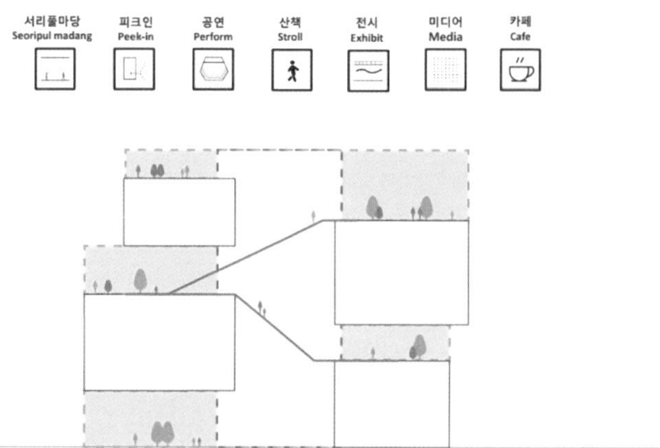


비움으로 채워지는 도시 풍경

서리풀 수장고는 오브제의 랜드마크가 아닌 풍경의 랜드마크이다.

일상이 되는 서리풀 수장고

### 탄소 중립 도시를 위한 지속가능한 건축

탄소 중립 도시의 화두는 지속가능한 건축이며, 이를 위한 성장동력은 친환경 건축이다. 이러한 녹색성장의 패러다임은 20세기 '생태건축(Eco Building)'의 개념에서 21세기 '지속가능한 건축(sustainable Building)'의 개념으로 변화되고 있다. 지속가능한 건축은 인간의 건축 활동이 소비적·폐기적 생산 활동이었던 과거에서 벗어나 순환적이며 자연 공생적인 건축 활동을 통해 환경부하를 저감하고 인간의 삶의 질을 향상시키는 순환형 전생애 건축 활동을 의미한다.

서리풀 열린 수장고 프로젝트는 OCA가 앞으로 나아가야 할 방향을 명확히 제시하고 있다. 공공성의 개념을 지속가능한 도시로 확장하는 것이다.

앞으로 인간과 자연이 공생할 수 있는 환경적으로 지속가능한 도시를 만들고, 지역간·계층간 사회서비스 등을 공평하게 누리는 도시공동체 제시하면서 지속가능한 도시를 만들고 공공성의 풍경을 계속해서 만들어 나갈 것이다.

시대 감각
새로운 풍경
공공성의 풍경

# 책을 마무리하며

우리 사회는 빠른 속도로 진화한다. 그에 맞는 새로운 유형의 공간도 요구된다. 이런 요구를 감지하고 이를 반영하는 새로운 유형을 제시하는 데 많은 공을 들여왔으며 지금도 계속 노력하고 있다.

우리 생활과 뗄 수 없는 자동차, 자동차의 동력원을 공급하는 주유소. 주유소 프로젝트를 진행하면서 우리 사회의 단면을 관찰할 수 있었다. 건축가인 내게는 정말 소중한 기회였다.

기계, 물류 동선 중심의 공장을 인간 중심으로 개편하고 자연을 삽입한 공장 미학 프로젝트들도 의미 있는 작업이다.

주거 공간 다음으로 많은 시간을 보내는 업무공간을 재해석하고 모든 공간에서 땅을 밟고 자연을 느낄 수 있는 테라스를 설치하는 '테라피스' 프로젝트들도 업무공간을 이용하는 사람은 물론 도시 풍경에 신선한 바람을 일으키고 있다.

요즘 새로운 유형의 애견 관련 시설과 지역사회로 활짝 열린 교회 프로젝트를 진행하고 있다. 최근 2024 한국건축문화대상 공공부문 대상을 받은 시립 장지하나어린이집은 입구 마당을 이웃과 공유하는 공공성과 모든 교실에 테라스가 있는 새로운 유형으로 좋은 평가를 받았다.

현상설계에서 당선되지 못해 구현되지 못한 다양한 도시실험들은 내

작업의 단단한 디딤돌이 되었다.

현재 공사가 진행되고 있는 사이판 프로젝트는 내 관심을 탄소 중립도시의 구현이라는 새로운 도전에 집중하게 하고 있다.

아직도 최고의 작품이었다고 자부하는 서리풀 열린 수장고는 모든 작업의 목표는 공공성의 풍경을 잇는 것이라는 새로운 지향점을 제시해 주었다.

앞으로 내 작업의 이정표는 정해져 있다. 빠르게 진화하는 사회 변화를 감지하는 '시대감각'으로 새로운 유형을 제시하고 함께 만들고 함께 누리는 공공성의 풍경을 이어나가고자 한다.

이러한 행보를 지켜봐 주시기 바란다.

글 쓸 기회를 주신 도서출판 동녘의 이건복 대표님과 글을 처음 쓰기 시작할 때부터 틀을 같이 잡고 꼼꼼히 교열해주신 이상희 편집자에게 감사의 인사를 전한다. 그리고 책에 나오는 가치 있는 작업들을 함께 해온 OCA의 구성원들에게도 감사의 마음을 전한다. 끝으로 나의 동반자이자 혹독한 크리틱인 아내에게 이 책을 바친다.

# 건축 개요

## 새로운 풍경

### 진화하는 주유소

**서울석유주식회사 사옥, 2007 (26~29쪽)**

위치: 서울특별시 중구 장충동 1가 31-1
대지면적: 890.30㎡
연면적: 2,310.67㎡
용도: 업무시설, 위험물저장처리시설(주유소)
층수: 지하 1층, 지상 7층

**한유그룹 사옥, 2009 (30~33쪽)**

위치: 서울특별시 관악구 봉천동 169-21 외 2필지
대지면적: 1,337.80㎡
연면적: 4,495.78㎡
용도: 업무시설, 위험물저장처리시설(주유소)
층수: 지하 2층, 지상 8층

**양재 복합시설, 2012 (34~37쪽)**

위치: 서울특별시 서초구 양재동 81
대지면적: 1,629.60㎡
연면적: 6,116.38㎡
용도: 업무시설, 위험물저장처리시설(주유소)
층수: 지하 2층, 지상 6층

**지능형 전기차 충전빌딩, 2018 (38~41쪽)**

위치: 제주특별자치도 서귀포시 서홍동 397-14
대지면적: 3,932.03㎡
연면적: 14,972.10㎡
용도: 복합시설, 주차충전시설
층수: 지하 1층, 지상 8층

**현대자동차 수소차충전소 디자인 가이드라인, 2018 - 국회 수소차충전소 (42~45쪽)**

위치: 서울특별시 영등포구 여의도동 1
대지면적: 333,750㎡
연면적: 450.63㎡
용도: 위험물저장 및 처리시설
층수: 지상 1층

## 새로운 공장 미학

### 태평양제약 헬스케어 사업장, 2012 (52~53쪽)
위치: 경기도 안성시 신건지동 59-6. 53번지
대지면적: 41,710.60㎡
연면적: 14,229.00㎡
용도: 공장, 부속 창고 및 부속시설
층수: 지하 1층, 지상 3층
★2013 한국건축문화대상 본상, 2014 아시아건축가협회(ARCASIA) 건축상 수상

### 아모레퍼시픽 상하이 뷰티사업장, 2013 (54~55쪽)
위치: 중국 상하이시(上海市) 자딩구(嘉定区)
대지면적: 92,787.90㎡
연면적: 82,695.40㎡
용도: 공장, 부속 창고 및 부속시설
층수: 지하 1층, 지상 4층

### HK 사창리 공장, 2015 (56~59쪽)
위치: 경기도 화성군 양감면 사창리 1092-1 외 21필지
대지면적: 35,554.00㎡
연면적: 20,302.24㎡
용도: 공장
층수: 지하 1층, 지상 3층
★2015 한국건축가협회상, 2015 한국건축문화대상 우수상

### 파주출판도시 FB16, 2015 (60~63쪽)
위치: 경기도 파주시 교하동 파주출판문화정보국가산업단지 2단계 203-2
대지면적: 5,940.20㎡
연면적: 8,203.11㎡
용도: 공장, 부속 창고 및 부속시설
층수: 지상 4층

### 인페쏘, 2011 (64~65쪽)
위치: 인천광역시 남동구 능허대로 542
대지면적: 3,124.40㎡
연면적: 618.12㎡
용도: 공장
층수: 지상 3층

### 티에스엠 MTV 신공장, 2017 (66~69쪽)
위치: 경기도 시흥시 정왕동 시화MTV (첨단-3) 2사 905
대지면적: 16,500㎡
연면적: 12,966.13㎡
용도: 공장
층수: 지상 3층

**에이프로젠 오송 캠퍼스, 2018 (70~71쪽)**
위치: 충청북도 청주시 흥덕구 오송읍 만수리 480
대지면적: 42,318.30㎡
연면적: 46,289.91㎡
용도: 공장
층수: 지하 1층, 지상 4층
★2018 한국건축문화대상 우수상

## 테라피스

**더 레드 빌딩, 2018 (76~77쪽)**
위치: 서울특별시 영등포구 양평로 116-1
대지면적: 518.7㎡
연면적: 2,490.88
용도: 업무시설 및 근린생활시설
층수: 지하 1층, 지상 10층

**클리오 사옥, 2019 (78~83쪽)**
위치: 서울특별시 성동구 왕십리로 66
대지면적: 989㎡
연면적: 7.089.26㎡
용도: 업무시설
층수: 지하 2층, 지상 14층

**YG-1 사옥, 2021 (84~87쪽)**
위치: 인천광역시 연수구 송도동
대지면적: 4,621.70 ㎡
연면적: 20,683.07 ㎡
용도: 교육연구시설 및 업무시설
층수: 지하 2층, 지상 9층
★2021 한국건축문화대상 민간부문 대상

## 반려동물과 함께하는 시대

**애견 힐링 파크, 2022 (90~91쪽)**

**을왕동 메모리얼파크**
위치: 인천광역시 중구 을왕동
대지면적: 3,316.00㎡
연면적: 2,219.03㎡
용도: 묘지관련시설
층수: 추모동-지하 1층, 지상 2층 / 사무동-지상 3층

**을왕동 애견 풀빌라**
위치: 인천광역시 중구 을왕동
대지면적: 2,594.00㎡
연면적: 8,910.79㎡
용도: 관광숙박시설
층수: 지하 6층, 지상 3층

**을왕동 애견 호텔**
위치: 인천광역시 중구 을왕동
대지면적: 3,339.00㎡
연면적: 5,403.72㎡
용도: 제1종, 제2종 근린생활시설
층수: 지하 2층, 지상 3층

## 열린 풍경

### 비움으로 만들어낸 공공성

**DUO 302, 2014 (98~101쪽)**
위치: 서울특별시 중구 황학동 819
대지면적: 1,073 ㎡
연면적: 12,308.79 ㎡
용도: 공동주택, 업무시설
층수: 지하 5층 지상 19층

### 단지 허물기

**한남3구역 재정비촉진지구 마을별 건축계획 기본구상, 2009 (106~109쪽)**
위치: 서울특별시 용산구 보광동 260번지 일대
대지면적: 392,362㎡
용도: 저층·중층·고층 공동주택 및 주상복합시설 등

**은평 기자촌 임대아파트, 2013 (110~113쪽)**
위치: 서울특별시 은평구 증관동 175-150번지 일대
대지면적: 64,107.60㎡
연면적: 119,748.28㎡
용도: 공동주택
층수: 지하 2층, 지상 2~12층(아파트 32개 동)

**백사마을 주거지 보전사업, 2019 (114~115쪽)**
위치: 서울특별시 노원구 중계동 30-3번지 일대
대지면적: 42,685.60㎡
연면적: 52,052.38㎡
용도: 공동주택
층수: 지하 4층, 지상 4층

### 지역사회와 공존하기

**연동교회 (120~121쪽)**
위치: 서울특별시 종로구 연지동 136-12 외 3필지
대지면적: 2,314.90㎡
연면적: 4649.66㎡
용도: 문화 및 집회시설(종교집회장)
층수: A동-지상 4층
B동-지하 1층, 지상 3층

**혜명교회 (122~123쪽)**
위치: 서울특별시 종로구 명륜4가
대지면적: 335.30㎡
연면적: 823.34㎡
용도: 문화 및 집회시설(종교시설)
층수: 지하 1층, 지상 5층

**온누리교회 남양주 캠퍼스 (124~127쪽)**
위치: 경기도 남양주시 다산동 6177
대지면적: 1238.10㎡
연면적: 6835.38㎡
용도: 종교시설
층수: 지하 5층, 지상 5층

**남서울교회 교육관 (128~129쪽)**
위치: 서울특별시 서초구 반포동 4-12번지, 4-13번지
대지면적: 2,146.60㎡
연면적: 4,951.34㎡
용도: 종교시설
층수: 지하 5층, 지상 4층

**온누리교회 수원 캠퍼스 (130~131쪽)**
위치: 경기도 용인시 기흥구 덕영대로 2077번길 80
대지면적: 3.809.00㎡
연면적: 14.026.57㎡
용도: 종교시설, 제1종 근린생활시설
층수: 지하 4층, 지상 4층

**노인요양시설 다정마을, 2009 (132~133쪽)**
위치: 경기도 화성시 반송동 236번지
대지면적: 12,882.00㎡
연면적: 4,727.00㎡
용도: 노유자시설
층수: 지하 1층, 지상 3층

**이웃과 마당을 공유하는 어린이집, 2023 (134~137쪽)**
위치: 경기도 화성시 장지동 945
대지면적: 2,477.00㎡
연면적: 1,420.83㎡
용도: 노유자시설(어린이집)
층수: 지상 2층
★2024 한국건축문화대상 공공부문 대상

## 열린 거주 풍경

**일산주택 1, 1998 (148~149쪽)**

위치: 경기도 고양시 일산구 마두동 971-3
대지면적: 239㎡
연면적: 250㎡
용도: 단독주택
층수: 지하 1층, 지상 2층

**일산주택 3, 1999 (150~151쪽)**

위치: 경기도 고양시 일산구 마두동 971-1
대지면적: 237.90㎡
연면적: 274.62㎡
용도: 단독주택
층수: 지하 1층, 지상 2층

**일산주택 2, 2000 (152~153쪽)**

위치: 경기도 고양시 일산동구 정발산동 807-6
대지면적: 266㎡
연면적: 319.54㎡
용도: 단독주택
층수: 지하 1층, 지상 2층

**일산주택 4, 2003 (156~157쪽)**

위치: 경기도 고양시 일산구 마두동 937-1
대지면적: 277.8㎡
연면적: 230.72㎡
용도: 단독주택
층수: 지상 2층

**일산주택 5, 2005 (158~159쪽)**

위치: 경기도 고양시 일산구 마두동 951-8
대지면적: 245.5㎡
연면적: 293.1㎡
용도: 단독주택
층수: 지하 1층, 지상 2층

**영종 신도시 주택, 2005 (160~161쪽)**

위치: 인천광역시 중구 운서동 2759-6
대지면적: 248㎡
연면적: 278.12㎡
용도: 단독주택
층수: 지하 1층, 지상 2층

**김포 운양동 주택, 2022 (162~163쪽)**

위치: 경기도 김포시 운양동 일반 1254-9
대지면적: 405.90㎡
연면적: 299.61㎡
용도: 단독주택
층수: 지상 2층

**문호리 주택, 2000 (166~167쪽)**

위치: 경기도 양평군 서종면 문호리 262
대지면적: 685㎡
연면적: 380㎡
용도: 단독주택
층수: 지상 2층

**묵방리 주택, 2005 (168~169쪽)**

위치: 충청북도 청원군 묵방리 284-4대, 산21-10임
대지면적: 1,586㎡
연면적: 251.50㎡
용도: 단독주택
층수: 지하 1층, 지상 2층
★2006 한국건축문화대상 주거부문 대상

**평창동 주택 1, 2013 (170~171쪽)**

위치: 서울특별시 종로구 평창동 543-13
대지면적: 717.50㎡
연면적: 323.87㎡
용도: 단독주택
층수: 지하 1층, 지상 2층

**평창동주택 2, 2022 (172~173쪽)**

위치: 서울특별시 종로구 평창동 489-6
대지면적: 936.00㎡
연면적: 875.80㎡
용도: 단독주택
층수: 지하 1층, 지상 2층

**우면동 스튜디오, 2003 (176~177쪽)**

위치: 서울특별시 서초구 우면동 47-5
대지면적: 346.00㎡
연면적: 262.78㎡
용도: 다가구주택
층수: 지상 2층

**서초동 스튜디오, 2002 (178~179쪽)**

위치: 서울특별시 서초구 서초1동 1629-33
대지면적: 537.60㎡
연면적: 593.30㎡
용도: 다가구주택
층수: 지하 1층, 지상 2층

**림스 코스모치과, 2006 (180~181쪽)**

위치: 대전광역시 유성구 도룡동 397-1
대지면적: 420.70㎡
연면적: 1,011.11㎡
용도: 단독주택 및 제1종 근린생활시설
층수: 지하 1층, 지상 4층

**휴먼빌리지, 2013 (184~187쪽)**

위치: 경기도 광주시 오포읍 능평리 456-9번지
대지면적: 580.00㎡
연면적: 792.86㎡
용도: 다세대주택
층수: 지하 1층, 지상 4층

**더 테라스힐, 2020 (188~191쪽)**

위치: 경기도 용인시 수지구 동천동
대지면적: 3,311.00㎡
연면적: 5,782.42㎡
용도: 공동주택
층수: 지하 1층, 지상 4층

## 공공성의 풍경

### 다양한 도시 실험

**플랫폼 도시: 세운상가군 재생사업 공공공간 (삼풍상가-남산순환로 구간), 2017 (206~211쪽)**

위치: 서울특별시 중구 을지로 158 일대
대지면적: 42,100.00㎡
연면적: 8,608.07㎡
용도: 근린생활시설, 가설건축물, 연결 통로

**표류 도시: 창동·상계 창업 및 문화산업단지, 2018 (212~215쪽)**

위치: 서울특별시 도봉구 마들로11길 74
대지면적: 10,746.00㎡
연면적: 157,035.36㎡
용도: 창업·창작 레지던스, 문화창업시설, 문화집객시설, 공영주차장
층수: 지하 8층, 지상 32층

**바코드 도시: 성뒤마을, 2017 (216~219쪽)**

위치: 서울특별시 서초구 방배동
대지면적: 66,449㎡
연면적: 161,977.94㎡
용도: 공동주택, 부대 및 복리시설

**메타시티: "서울 메타시티를 향해" 전시, 2014 (220~225쪽)**

전시 장소: Aedes Network Campus, Berlin
전시 기간: 2014년 8월 29일부터 10월 9일까지
출품작: '재생' 및 '사람'의 주제 아래 서울 공공 프로젝트 6선

**탄소중립도시: 사이판 마하가나 섬의 재구조화 작업, 2023 (226~231쪽)**

위치: 사이판 마하가나 섬
대지면적: 9,409.52㎡
연면적: 913.50㎡
층수: 지상 1층

## 공공성의 풍경을 잇다

**2019 서울도시건축비엔날레 (236~247쪽)**

전시 장소: 동대문디자인플라자, 서울도시건축전시관, 세운상가 일대
전시 기간: 2019년 9월 7일부터 11월 10일까지
참여 작가: 베를린, 파리, 암스테르담, 뉴욕, 울란바토르, 홍콩 등
전 세계 80여 개 도시 180여 개 기관 참여

**공공성의 풍경을 잇는 서리풀 수장고, 2023 (254~259쪽)**

위치: 서울특별시 서초구 서초동 1735
대지면적: 5,800.00㎡
연면적: 19,684.05㎡
용도: 문화 및 집회시설
층수: 지하 3층, 지상 6층